名家论人生丛书

胡　军　主编

以美育代宗教

蔡元培　著

王怡心　选编

北京大学出版社
PEKING UNIVERSITY PRESS

图书在版编目(CIP)数据

以美育代宗教/蔡元培著;王怡心选编. —北京:北京大学出版社,2020.10

ISBN 978-7-301-23919-3

Ⅰ. ①以… Ⅱ. ①蔡… ②王… Ⅲ. ①蔡元培(1867~1940)—人生哲学 Ⅳ. ①B821

中国版本图书馆CIP数据核字(2014)第022605号

书　　名 以美育代宗教
YI MEIYU DAI ZONGJIAO
著作责任者 蔡元培 著 王怡心 选编
策划组稿 杨书澜
责任编辑 王炜烨 杨书澜
标准书号 ISBN 978-7-301-23919-3
出版发行 北京大学出版社
地　　址 北京市海淀区成府路205号 100871
网　　址 http://www.pup.cn 新浪微博:@北京大学出版社
电子信箱 zpup@pup.cn
电　　话 邮购部010-62752015 发行部010-62750672
编辑部010-62752021
印 刷 者 三河市博文印刷有限公司
经 销 者 新华书店
890毫米×1240毫米 A5 8.5印张 168千字
2020年10月第1版 2020年10月第1次印刷
定　　价 36.00元

现代境遇下的人生归宿

——《名家论人生丛书》序

胡　军

都说人是自然的产物,但却没有人能够说清楚自然是如何产生人类的过程。自然具有无穷的威力,在时间和空间上,它都是无限的。人的个体生命却是极其有限的,是非常短暂的。即便是作为类的人,据说也有终结的时候。说人是万物之灵长,确也见得是人的孤芳自赏,或者竟是人的自以为是。

然而人与自然中其他一切物种确有着本质的差异,人有思想。这便是人的全部秘密,是人无上尊严之所在。思想使我们意识到自己是有限的存在,自然是伟大的,但自然却没有这样伟大的能力。

人类因此超越了自然。思想使我们能够自觉而深入地考究自然的奥秘,探索人自身生命的价值和意义。追求人生的意义的过程使我们清楚地意识到,生命的意义并不在于我们能够现实地占有多少财富,占有多大的空间,而是要能够彰显人之所以为人的本质性的东西，即人的尊严——生活的意义和生命的价值。孟子云："体有贵贱，有小大。无以小害大，无以贱害贵。养其小者为小人，养其大者为大人。"此中所谓的贱而小者是指口腹之欲的满足，而小人也就是津津于物质生活中的人；而所谓的贵而大者则是追求人生的意义和价值的理想。孟子所谓的大人可能其物质生活十分清贫，但却具有崇高伟大的人生理想，并为实现这一理想而积极努力奋斗不已。

不明了人生的意义，不真正懂得生命的价值，而虚度了自己的一生，实在是人的终生遗憾，甚或可说是人的悲剧。我们可能在弥留之际还不甚了了人生的真谛或价值，但至少在漫长或短暂的人生旅途中，我们曾经思索过这样令人困惑不解的神秘问题，当离开这个世界，结束自己人生的时候，我们的内心至少因此可得到某种慰藉，不枉来此尘世走了一遭。

寻找到了人生的意义无疑是幸福的，但未曾找到却也思索或探索过人生的意义这样的问题，也会在我们的心头时时充溢着崇高、伟大和愉悦的感觉。

其实在漫长的历史发展中，我们中国人造就形成了自己对于人生意义和价值的行之有效的价值系统，儒、道思想便是这种价值系统的代表。其中特别是儒家的格物、致知、诚意、正心、修身、齐家、治国、平天下的以修身为本的教化思想，在中国传统社会中起着主导的作用，教导着人们如何实际而有意义地度过自己的一生。晚清以来伴随着强大的器物文化，西方的人生哲学思想也趁势大量地涌入中国，西学几乎主宰着中国思想界的走向，对于中国传统的人生理念几乎具有颠覆性的作用。当时的那种情势逼迫国人焦虑着如何强国、如何保种,而不是怎样依照传统的人生理念勾画设计自己的人生。西方的民主、自由、科学、法治、市场经济等理念在中国的现代社会中已经具有无比重要、人人称道的地位。于是问题也就是中国传统的人生理念是否仍然具有自己的价值或意义。

思考中国传统人生理念的现代价值,实质上是在探索中国传统人生理念与现代生活之间的关系。我们要知道现代生活的内容似乎都是源自西方的。可以清楚地看到,现代生活的这些理念并不是产生自中国传统文化内的,于是在探讨这两者之间关系的时候,也就自然产生了如下三种基本的反应模式:自由主义的、激进主义的和保守主义的。这三种主义之间好像南辕北辙,水火不相容,但它们所应对的问题却是相同的。不但问题相同,而且这三种主义的拥护者讨论这一问题的背景也是同样的,即他们都站在中国传统文化之内。

此种认识告诉我们,激进主义的、自由主义的和保守主义的反应模式无论在事实上还是在理论上都似乎很难说是达到成熟。文化并不是完全听人使唤的仆人,可以任你随性摆布,供你随意驱使。任何一种民族文化都是在漫长的历史过程中逐渐形成的,你要它全盘西化,它就能全盘西化?你要使它整个儿的翻盘,它就完全听从你的,第二天就根本改过?同样,在西方文化的强力冲击之下,你毫不动心,不予理会,也同样是异想大廾。如梁漱溟在文化上应该说是一个保守主义者,坚定地持受儒家思想立场,但你仔细读他的关于中国文化的著作，你会很容易地发现，他前期关于生命的理论基础是柏格森的生命哲学，后期的则受了罗素本能、理智和灵性三分法的影响。

身处现代社会，不管你在讨论人生观问题上取何种态度，站什么立场，似乎都不可避免要落在中西文化的关系之内。我们的看法就是，讨论现代中国人的人生态度的正确立场不应该再是简单地回复到本位的或保守的立场，或是率直的西化、激进的态度，而是应该站在中国文化的立场上，理性地、客观地融合中国的和西方的有关人生的各种思想，正确地解决中国人的人生理念与现代生活的关系。中国文化具有包容性，在历史上曾经成功地摄取了印度佛教思想，经过几百年的吸收消化演变而成中国特有的禅宗思想。同样的，中国人也有能力站在自己文化或人生理念的基础上经过不断的努力，逐渐地吸收消化西方的文化或人生思想而逐渐地形成中国人自己的、新的人生理念。记得梁启超一百多年前在其《新民说》中曾这样说过："新民云者，非欲民尽弃其旧以从人也。新之义有二：一曰淬厉其所本有而新之，二曰采补其所本无而新之。二者缺一，时乃无功。"诚哉斯言！

中国古代思想无疑有其不朽的永久性的价值，但与现代的生活终究有一定的隔膜和距离，因此极需现代化；而西方思想的辉煌成就也自不待言，然而现成的搬运过来、食洋不化，也将成无本之木、无源之水，无济于事。所幸的是，现代中国的许多哲学家和思想家们在探索中国文化的前途或出路的努力中，分别建立了自己的融会古今中西思想资源的人生思想体系。这些思想体系中有关人生思想的内容对于当代的年轻人将会有极大的帮助,有益于提高他们的人文素养,增进对于人生意义和价值的了解,使其臻至更高的人生境界。

《名家论人生丛书》所收集的均为现代著名思想家或哲学家关于人生思想或哲学的种种论述。它有如下几个特点:第一,我们不敢说收入本丛书中的著述已成为"圣人遗训",放之四海而皆准,但这些论述在探求中国传统的人生理念与现代生活两者之间的关系方面作出了积极的贡献,其总的精神方向是正确的,健康的,并在中国现代社会中产生了相当大的影响,有着不可磨灭的作用,且能够为我们现在进一步思考人生意义或价值提供重大的理论和现实参考。第二,尤其重要的是,进入本丛书的作者对人生思想均有深入系统精到的思考分析,对东、西学术都有亲切的体认和系统的掌握,在人生思想上自成体系,卓然成一家之言。第三,本丛书希望能够系统全面地反映中国现代以来的人生思想研究的进展情况。

根据上述的这些特点或标准,收入本丛书的便有梁启超、蔡元培、陈独秀、李大钊、胡适、梁漱溟、熊十力、冯友兰、朱光潜、贺麟、张东荪、牟宗三、唐君毅、方东美等名家大师的有关人生思想的作品。有的哲学家如金岳霖虽然有庞大的哲学思想体系,但其重点在形而上学和知识论方面,没有人生哲学思想方面的系统的论述,所以也就不在本丛书的收列之中。

本丛书的编选既是为了给现代青年们提供关于人生思想方面

的优秀读本，也是便于专家学者对中国现代人的人生思想的深入研究。编者希望在此一论丛的基础上更进一步撰写出反映现实生活内容且适合于青年阅读的人生哲学书来。

《名家论人生丛书》是北大出版社有感于现在社会上弥漫的急功近利、过度注重经济实业发展的风气，坊间又缺乏可供青年人阅读的人生思想方面的成套的上乘佳作这一现状而策划的选题。同样由于我的学术兴趣在中国现代哲学领域，更由于我近来对人生哲学思想也有很浓厚的兴趣，所以我就主编了这样一套人生论丛。此套丛书的出版既有益于社会，有益于青年，也有益于推进对于人生思想的学术研究。

导读

蔡元培，字鹤卿，号孑民，1868 年生于浙江绍兴，是中国近代教育、科学、文化事业的奠基人，世界著名的教育家。他十七岁中秀才，二十三岁中举人，二十四岁中进士，二十六岁补翰林院庶吉士，二十八岁补翰林院编修。之后，积极投身民主革命，发起教育会，创立光复会，主持同盟会，参与缔造中华民国的活动；就任中华民国首任教育总长，奠立文教的基础；远涉重洋，赴欧洲学习、考察和研究，促进东西文化交流；出任北京大学校长，广纳人才，兼容并包，开一代风气之先；创设南京中央研究院，发展科学事业；保障民权，援救革命志士；坚持团结救国，推进国共合作。1940 年 3 月，蔡元培先生病逝于香港，享年七十三岁。

蔡元培先生文通古今，学贯中西，他的一生波澜壮阔，富有传奇色彩。无论在政治、经济、军事、外交等方面，还是在科学、文化、卫生等领域,他都留下了广泛而深刻的影响。首先在教育领域,他建立了不可磨灭的功绩。

从十八岁起,蔡元培先生即开始了教育生涯,三十二岁以后,除教学外,还从事教育行政工作。其间除了到国外学习考察以外,始终没有离开教育岗位。作为一位伟大的教育家,他不墨守成规,不故步自封,思想与时俱进,高瞻远瞩,并有过人的勇气。任教南洋公学时,他已经开始提倡西方民权、女权等学说;1902 年,他创办了我国最早的女校——爱国女学校;就任北京大学校长期间,更开风气之先,不顾教育部和守旧人士的反对,招收女生,开创了男女同校的先河。他纠正北京大学生升官发财的求学观念,树立大学研究学术的风气,要求学生敬爱师友,砥砺德行,负起振兴国家的重任。他破除门户之见,兼容并蓄,使北大精英荟萃,百家争鸣。当时的北京大学不仅有提倡白话文的胡适和钱玄同,也有极端维护文言文的黄季刚和刘申叔;不但有戊戌维新的梁启超,也有拖着长辫子的辜鸿铭;还有朴学大师章太炎,讲昆曲的吴梅,等等。他力主学术自由和思想自由,让诸人各本所学,发挥特长,使各种新旧思想冶于一炉,浸渍酝酿,形成学术的空前繁荣,并使北京大学成为新文化运动的摇篮和五四运动的发源地。他还沟通文理科,创北京大学分科制,改年级制为学分制,注重研究院的功能,创办北京大学校役夜班及平民夜校等。他在中国近代史上第一次将美育提高到国家教育方针的地位,认为德育是一切教育之根本,美育则是实现完美人格的桥梁,其倡导德、智、体、美四育并进的办学理念一直为后世所称颂,以至成为后来教育界的共识。

作为一个传播新知、开通风气、启迪民智、进化民德的启蒙者，蔡元培先生积极投身社会各项进步事业中而收效卓著。白话文运动之初，很受社会各方面的责难，蔡元培先生证诸古今中外历史，对白话文运动力予赞助支持，同时也不忽视文言文的特殊功能。就任中央研究院院长期间，他聘请各路专家学者，致力于科学学术的研究，前后成立了物理、化学、工程、地质、天文、气象、历史语言、心理、社会科学及动植物等十个研究所，奠定了我国科学研究的根基。

蔡元培先生做人，本于忠恕之道，知忠而不与世苟同，知恕而宽宏大度。一生立己立人，大德垂世，成为“一代师表”，其伟大的人格和精神气象至今仍为世人楷模。他生性耿介，待人真诚，与人为善。对于一己之名利荣辱和成败得失，完全置之度外，然一到关键时刻，却是奇气立见，敢于担当，对于是非辨别，非常认真，进退毫不含糊。在中西文化的双重涵养之下，他既高扬西方“自由、平等、博爱”之精神，又固守传统儒家文化中的良知与自律，自奉俭而遇人厚，律己严而待人宽，做人光明磊落，持身廉洁，虽几十年身居高位，仍安贫乐道，不脱书生本色，两袖清风，一尘不染，除了几千册图书外，几乎没有积蓄。他在上海所住的房子，是由朋友和学生集资购赠的，晚年在香港贫病交加，生活窘迫，仍不求于人。他逝世之后，家庭的开支和子女的教育费用，时常要靠朋友和学生接济。

“高山仰止，景行行止。”蔡元培先生逝世八十年了，他长眠于其人生的最后一站——香港。作为后来人，我们无法亲历峥嵘岁月里蔡先生的风采，然而，他的精神与教诲仍在，他的人格修养，仍是我们向往的境界。我们从他所有的著述中精心选编了有关人生的论述，辑为这本《以美育代宗教》，以飨读者，也以此纪念这位道高学精的前辈大师。

本书共有四十三篇文章，包括以下主要内容：第一，“我的生活观”。辑入蔡元培先生不同时期的十四篇文章，我们可以看到他从不同角度表达的对于人生的认识。第二，“如何做一个现代学生”。包含了他对于学生的希望，以及对各个阶段的学生面临的不同问题所指出的方向。第三，“青年与教育”。辑录他的教育理念，及其对教育的深刻理解。他希望青年学生有狮子的体力、猴子的敏捷和骆驼的精神。他看重美育，认为宗教无法充分发挥力量去完成教化的作用，主张“以美育代宗教”，通过美育，培养高尚纯洁的人格。第四，“修身篇”。选自他的《中学修身教科书》和《蔡元培先生著德育讲义》。《中学修身教科书》不仅可以作为中学生、大学生和成人的修身手册，而且也是不可多得的美文，读之既可修身，又可怡情养性，堪称德美并育的佳作。《蔡元培先生著德育讲义》是为留法的华工写的，语言凝练工致，内容也都是欲成为健全的公民所需知的，非常切用，其中的《德育篇》亦是修身之典范。

蔡元培先生早已驾鹤仙去，然而我们深信，他的精神和对后辈的德化，将一如绵长的书香，永远氤氲在我们心中。

王怡心

2020 年 3 月

目录

1. 教育理念之革新

——全国临时教育会议开会词*

（1912 年 7 月 10 日）

---

* 1912 年 7 月 10 日，在北京召开临时教育会议，作者主持此次会议，征求全国教育家意见，以谋教育事业之发展，并在开幕式上作此演讲。

民国教育与君主时代之教育，其不同之点何在？君主时代之教育方针，不从受教育者本体上着想，用一个人主义或用一部分人主义，利用一种方法，驱使受教育者迁就他之主义。民国教育方针，应从受教育者本体上着想，有如何能力，方能尽如何责任，受如何教育，始能具如何能力。从前瑞士教育家沛斯泰洛齐[1]有言："昔之教育，使儿童受教于成人；今之教育，乃使成人受教于儿童。"何谓成人受教于儿童？谓成人不敢自存成见，立于儿童之地位而体验之，以定教育之方法。民国之教育亦然。君主时代之教育，不外利己主义。君主或少数人结合之政府，以其利己主义为目的物，乃揣摩国

① 沛斯泰洛齐(Johann Heinrich Pestalozzi，1746—1827)，现译裴斯泰洛齐，19世纪瑞士教育革新家。创办多处孤儿院，从事贫苦儿童教育。他的教育思想对近代初等教育的发展有影响。

民之利己心，以一种方法投合之，引以迁就于君主或政府之主义。如前清时代承科举余习，奖励出身，为驱诱学生之计；而其目的，在使受教育者皆富于服从心、保守心，易受政府驾驭。现在此种主义，已不合用，须立于国民之地位，而体验其在世界、在社会有何等责任，应受何种教育。

社会逃不出世界，个人逃不出社会。世界尚未大同①，社会与世界之利害未能完全一致。国家为社会之最大者，对于国家之责任与对于世界之责任，未必无互相冲突之时，犹之对于家庭之责任与对于国家之责任，不能无冲突也。国家、家庭两种责任，不得兼顾，常牺牲家庭以就国家；则对于国家之责任，自以与对世界之责任无冲突者为范围，可以例而知之。至于人之恒言，辄曰权利、义务。而鄙人所言责任，似偏于义务一方面，则以鄙人对于权利、义务之观念，并非相对的。盖人类上有究竟之义务，所以克尽义务者，是谓权利；或受外界之阻力，而使不恪尽其义务，是谓权利之丧失。是权利由义务而生，并非对待关系。而人类所最需要者，即在克尽其种种责任之能力，盖无可疑。由是教育家之任务，即在为受教育者养成此种能力，使能尽完全责任，亦无可疑也。

当民国成立之始，而教育家欲尽此任务，不外乎五种主义，即军国民教育、实利主义、公民道德、世界观、美育是也。五者以公民道

---

① 大同：根据古代传说虚构的太平盛世。《礼记·礼运》："大道之行也，天下为公，选贤与能，讲信修睦，故人不独亲其亲，不独子其子……货恶其弃于地也，不必藏于己；力恶其不出身也，不必为己……是谓大同。"

德为中坚，盖世界观及美育皆所以完成道德，而军国民教育及实利主义，则必以道德为根本。我国人本以善营业闻于世界。侨寓海外，忍非常之困苦，以致富者常有之，是其一例。所以不免为贫国者，因人民无道德心，不能结合为大事业，以与外国相抗；又不求自立而务侥幸。故欲提倡实利主义，必先养其道德。至于军国民主义之不可以离道德，则更易见。我国从前有勇于公战、怯于私斗之语。现在军队时生事端，何尝非尚武之人由无道德心以裁制之故耳。教育者，非为已往，非为现在，而专为将来。从前言人才教育者，尚有十年树木、百年树人①之说，可见教育家必有百世不迁之主义，如公民道德是也。其他因时势之需要，而亦不能不采用，如实利主义及军国民主义是也。吾人会议之时，不可不注意。

又有一层，我中国人向有一弊，即是自大；及其反动，则为自弃。自大者，保守心太重，以为我中国有四千年之文化，为外国所不及，外国之法制皆不足取；及屡经战败，则转而为崇拜外人，事事以外国为标准，有欲行之事，则曰是某某国所有也。遇不敢行之事，则曰某某等国尚未行者，我国又何能行？此等几为议事者之口头禅，是由自大而变为自弃也。普通教育废止读经，大学校废经科，而以经科分入文科之哲学、史学、文学三门，是破除自大旧习之一端。

至现在我等教育规程，取法日本者甚多。此并非我等苟且，我等知日本学制本取法欧洲各国。唯欧洲各国学制，多从历史上渐演

① 十年树木，百年树人：喻培养人才为长远之计。《管子·权修》："一年之计，莫如树谷；十年之计，莫如树木；终身之计，莫如树人。"

而成，不甚求其整齐划一，而又含有西洋人特别之习惯；日本则变法时所创设，取西洋各国之制而折衷之，取法于彼，尤为相宜。然日本国体与我不同，不可不兼采欧美相宜之法。即使日本及欧美各国尚未实行，而教育家正是鼓吹者，我等亦可采而行之。我等须从原理上观察，可行则行，不必有先我而为之者。例如十三个月之年历，十二音符之新乐谱，在欧美各国为习惯所限，明知其善而尚未施行，我国亦不妨先取而行之。学制之中，间亦有类此者。

（据《教育杂志》第4卷第6号，1912年9月出版。）

2. 世界观与人生观*

（1912 年冬）

* 此篇系作者第二次赴德留学时所作，刊载于巴黎出版的《民德》杂志创刊号。《民德》杂志系蔡元培与汪兆铭、李石曾在巴黎创办的刊物。

世界无涯涘[1]也，而吾人乃于其中占有数尺之地位；世界无终始也，而吾人乃于其中占有数十年之寿命；世界之迁流，如是其繁变也，而吾人乃于其中占有少许之历史。以吾人之一生较之世界，其大小久暂之相去，既不可以数量计；而吾人一生，又决不能有几微遁出于世界以外。则吾人非先有一世界观，决无所容喙[2]于人生观。

虽然，吾人既为世界之一分子，决不能超出世界以外，而考察一客观之世界，则所谓完全之世界观，何自而得之乎？曰：凡分子必具有全体之本性；而既为分子，则因其所值之时地而发生种种特性；排去各分子之特性，而得一通性，则即全体之本性矣。吾人为世界一分子，凡吾人意识所能接触者，无一非世界之分子。研究吾人之意

---

① 涯涘：边际、边界。涘，水边。

② 喙：嘴。《庄子·秋水》："今吾无所开吾喙。"

识，而求其最后之原素，为物质及形式。物质及形式，犹相对待也。超物质形式之畛域而自在者，唯有意志。于是吾人得以意志为世界各分子之通性，而即以是为世界之本性。

本体世界之意志，无所谓鹄的[①]也。何则？一有鹄的，则悬之有其所，达之有其时，而不得不循因果律以为达之之方法，是仍落于形式之中，含有各分子之特性，而不足以为本体。故说者以本体世界为黑暗之意志，或谓之盲瞽[②]之意志，皆所以形容其异于现象世界各各之意志也。现象世界各各之意志，则以回向本体为最后之大鹄的。其间接以达于此大鹄的者，又有无量数之小鹄的。各以其间接于最后大鹄的之远近，为其大小之差。

最后之大鹄的何在？曰：合世界之各分子，息息相关，无复有彼此之差别，达于现象世界与本体世界相交之一点是也。自宗教家言之，吾人固未尝不可于一瞬间，超轶现象世界种种差别之关系，而完全成立为本体世界之大我。然吾人于此时期，既尚有语言文字之交通，则已受范于渐法之中，而不以顿法，于是不得不有所谓种种间接之作用，缀辑此等间接作用，使厘然[③]有系统可寻者，进化史也。

统大地之进化史而观之，无机物之各质点，自自然引力外，殆无特别相互之关系。进而为有机之植物，则能以质点集合之机关，共同操作，以行其延年传种之作用。进而为动物，则又于同种类间为

---

① 鹄的：箭靶子的圆心。

② 盲瞽：瞎子、盲人。

③ 厘然：整齐有序。

亲子朋友之关系，而其分职通功之例，视植物为繁。及进而为人类，则由家庭而宗族、而社会、而国家、而国际。其互相关系之形式，既日趋于博大，而成绩所留，随举一端，皆有自阂而通、自别而同之趋势。例如昔之工艺，自造之而自用之耳。今则一人之所享受，不知经若干人之手而后成。一人之所操作，不知供若干人之利用。昔之知识，取材于乡土志耳。今则自然界之记录，无远弗届。远之星体之运行，小之原子之变化，皆为科学所管领。由考古学、人类学之互证，而知开明人之祖先，与未开化人无异。由进化学之研究，而知人类之祖先与动物无异。是以语言、风俗、宗教、美术之属，无不合大地之人类以相比较。而动物心理、动物言语之属，亦渐为学者所注意。昔之同情，及最近者而止耳。是以同一人类，或状貌稍异，即痛痒不复相关，而甚至于相食。其次则死之，奴之。今则四海兄弟之观念，为人类所公认。而肉食之戒，虐待动物之禁，以渐流布。所谓仁民而爱物者，已成为常识焉。夫已往之世界，经其各分子之经营而进步者，其成绩固已如此。过此以往，不亦可比例而知之欤。

道家之言曰："知足不辱，知止不殆。"[①]又曰："小国寡民，使有什伯之器而不用，使民重死而不远徙，虽有舟舆，无所乘之。虽有甲兵，无所陈之。使民复结绳而用之。甘其食，美其服，安其居，乐其俗。邻国相望，鸡狗之声相闻，民至老死而不相往来。"此皆以目前之幸福言之也。自进化史考之，则人类精神之趋势，乃适与相反。

---

① 见《老子·道德经》第四十四章。意谓人知足就不会受辱，做事适可而止，就不会有危险。

人满为患，虽自昔借为口实，而自昔探险新地者，率生于好奇心，而非为饥寒所迫。南北极苦寒之所，未必于吾侪生活有直接利用之资料，而冒险探极者踵相接。由椎轮而大辂[①]，由桴槎[②]而方舟，足以济不通矣；乃必进而为汽车、汽船及自动车之属。近则飞艇、飞机，更为竞争之的。其构造之初，必有若干之试验者供其牺牲，而初不以及身之不及利用而生悔。文学家、美术家最高尚之著作，被崇拜者或在死后，而初不以及身之不得信用而辍业。用以知：为将来牺牲现在者，又人类之通性也。

人生之初，耕田而食，凿井而饮，谋生之事，至为繁重，无暇为高尚之思想。自机械发明，交通迅速，资生之具，日超(趋)于便利。循是以往，必有菽粟如水火之一日，使人类不复为口腹所累，而得专致力于精神之修养。今虽尚非其时，而纯理之科学，高尚之美术，笃嗜者固已有甚于饥渴，是即他日普及之朕兆[③]也。科学者，所以祛现象世界之障碍，而引致于光明。美术者，所以写本体世界之现象，而提醒其觉性。人类精神之趋向，既毗于是，则其所到达之点，盖可知矣。

然则进化史所以诏吾人者：人类之义务，为群伦不为小己，为将来不为现在，为精神之愉快而非为体魄之享受，固已彰明而较著矣。而世之误读进化史者，乃以人类之大鹄的，为不外乎其一身与种姓

---

① 大辂：古代的一种大车。

② 桴槎：竹木筏子。

③ 朕兆：朕为缝隙，兆是龟裂，皆极细微，用以比喻事物发展中的一种征兆。

之生存，而遂以强者权利为无上之道德。夫使人类果以一身之生存为最大之鹄的，则将如神仙家所主张，而又何有于种姓？如曰人类固以绵延其种姓为最后之鹄的，则必以保持其单纯之种姓为第一义，而同姓相婚，其生不蕃。古今开明民族，往往有几许之混合者。是两者何足以为究竟之鹄的乎？孔子曰："生无所息。"庄子曰："造物劳我以生。"诸葛孔明曰："鞠躬尽瘁，死而后已。"是吾身之所以欲生存也。北山愚公之言曰："虽我之死，有子存焉。子又生孙，孙又生子，子又有子，子又有孙，子子孙孙，无穷匮也；而山不加增，何若而不平。"是种姓之所以欲生存也。人类以在此世界有当尽之义务，不得不生存其身体；又以此义务者非数十年之寿命所能竣，而不得不谋其种姓之生存；以图其身体若种姓之生存，而不能不有所资以营养，于是有吸收之权利。又或吾人所以尽义务之身体若种姓，及夫所资以生存之具，无端受外界之侵害，将坐是而失其所以尽义务之自由，于是有抵抗之权利。此正负两式之权利，皆由义务而演出者也。今曰：吾人无所谓义务，而权利则可以无限。是犹同舟共济，非合力不足以达彼岸，乃强有力者以进行为多事，而劫他人所持之棹楫以为已有，岂非颠倒之尤者乎。

昔之哲人，有见于大鹄的之所在，而于其他无量数之小鹄的，又准其距离于大鹄的之远近，以为大小之差。于其常也，大小鹄的并行而不悖。孔子曰："己欲立而立人，己欲达而达人。"孟子曰："好乐，好色，好货，与人同之。"是其义也。于其变也，绌小以申大。尧知子丹朱[1]之不肖,不足授天下。授舜则天下得其利而丹朱病,授丹朱则天下病而丹朱得其利。尧曰,终不以天下之病而利一人,而卒授舜以天下。禹治洪水,十年不窥其家。孔子曰:"志士仁人,无求生以害仁,有杀身以成仁。"墨子摩顶放踵[2],利天下为之。孟子曰:"生与义不可得兼,舍生而取义。"范文正[3]曰:"一家哭,何如一路哭。"是其义也。循是以往,则所谓人生者,始合于世界进化之公例,而有真正之价值。否则庄生所谓天地之委形委蜕[4]已耳,何足选也。

(据巴黎《民德》杂志创刊号"社论二",

世界社 1916 年秋在法国都尔斯出版。)

---

① 丹朱:传说为尧之子。名朱,因居丹水,故名。

② 摩顶放踵:放,至;踵,脚后跟。意谓从头顶磨到了脚后跟,都磨伤了。《孟子·尽心上》:"墨子兼爱,摩顶放踵,利天下为之。"言墨子推行兼爱,损伤身体,亦所不顾。

③ 范文正(989—1052):即范仲淹,北宋政治家、文学家。字希文,苏州吴县(今江苏苏州)人。死后谥"文正公"。

④ 委形委蜕:古代道家用语。谓人的形体是自然赋予的。《庄子·知北游》:"舜曰:'吾身非吾有也,孰有之哉?'曰:'是天地之委形也。'""子孙非汝有,是天地之委蜕也。"委蜕,言如蝉弃其所蜕之皮。

3. 以奉行勤、朴、公为要务

——在浦东中学的演说词

（1913 年 6 月 14 日）

杨锦春先生创此校时，邀上海学界中人与议，当时弟亦在场，即钦佩之。因富豪不肯捐资兴学，而杨先生独能之也。校成，又提出勤、朴二字，以诏职员学生，弟又甚钦佩之。盖勤、朴二字，即彼自己所经历也。彼无资本，何以能创此校乎？彼何以有资本乎？以其勤于工业，故收入甚丰也。然收入虽丰，苟徒逞一身之快乐，则资本又将消耗矣，安有余钱创此校乎？吾故曰，勤、朴二字，实为校主一身得力之处。不唯此而已，浦东中学，即勤、朴之产物，苟非勤、朴，安能产出一浦东中学乎？

吾今又欲提出一字，以补校主所未言，即公字是也。此字虽校主未曾明言，然彼能捐产兴学，不徒自私自利，即其公也。是校主虽未言公字，却能实行公字也。苟非公，又安得有浦东中学乎？校主所以能创此校，由于实行勤、朴、公之三字。此所以为一代伟人，而足以为吾人模范也。

吾人生此民国初建时代，即以奉行此三字为要务；中学生，尤以奉行此三字为要务，何也？国民教育，当遍设小学于国中，养成国民应有之智识技能，似已满足，何故尚须中学乎？盖中学者，（一）为高等普通学，（二）为预备专门学。人必有高等普通学及预备专门学，始能日进不已也。小学教育，授人以应有之智识技能，似已足维持现状矣。然人民不但以对付现状为究竟，尚须求进步也。世俗之见，或以为指导国民，其责在政府，不免以不肖之心自待矣。或以指导国民，责在学识兼优之学者，此说似较贤。然吾谓实有指导国民之力量者，厥唯中学生，何也？以其受高等普通学，又能进求专门学，故可指导普通国民也。推而广之，虽谓能指导普通人类，亦无不可。故在中学校中之人，即当以此自任。

中学生负指导国民之任，将注意何事乎？共和国最重道德，与从前以官僚居首要之主义，适相反对。从前风俗，以科名为荣耀，自幼即揣摩科举。所以然者，为欲借考试而得做官也，为做官可得较优之财产，较优之名誉也。故财产、名誉，一归于官僚。盖专制国以君主为最有财产、名誉，以此类推，故小官得小财产，小名誉；大官得大财产，大名誉，故财产、名誉，一归于官僚。今试问，吾国此风已改乎？实未之改也。不但官员未改此风，即议员亦不脱官僚之习。如此旧染污俗，永锢国民之身而不洗除，则吾国将来决难立于世界之上，何也？盖世界强国，决不如此趋向也。政以贿成，决不能强国也。何故政以贿成乎？为官僚贪贿也。官僚所以贪贿者，为不勤也。不勤者无正当之收入，不能以自力自养，必有不正当之收入，庶足以济。欲求不正当之收入，于是乎贪；彼又有不正当之耗费，故又不能不贪。贪，故政以贿成也。夫为农、为工、为商，均须有正当之劳力，始有正当之收入；不勤不朴者，既不能效正当之劳力，即不能有正当之收入，于是，只可求途于官僚，以冀不正当之收入。若国民相率而求不正当之收入，斯其国危矣。

世界优强之国，官吏收入，较诸实业之收入，不如远甚，故国民相率趋实业而避官僚。今欲挽救吾国之弊，亦唯趋重实业而避官僚而已。今年本校添设工业班，正与此义相合，此又愿与诸君劝勉者也。

趋重实业，即可实行勤、朴、公三字，与旧道德不背，亦与新道德相合。旧道德曰义、曰恕、曰仁等，皆足与勤、朴、公三字互相发挥；新道德如自由、平等、权利、义务，亦赖勤、朴、公而圆满。或疑自由、平等与勤、朴不相容，此误解也。欲依赖他人，即不自由；依赖性，即由不勤所养成。即就小节言之，如起身要人伺候，出外要人跟随，若无人伺候跟随，几乎寸步难行，岂非不自由乎？此等不自由，皆由不勤所养成。故勤即自由，自由赖勤而后完全也。赖父、兄家产而生活者，可不自劳动而得衣食，当其任意耗费时，真可谓世界之蠹虫；及其耗费尽而变为穷汉，其苦有不堪言者，此又可见不勤之不自由矣。朴者，衣、食、住不奢侈也。余谓唯朴者最自由，因其无往不宜也。习于奢侈者，非美衣不衣，非美食不食；一旦遇世乱，美衣、美食不可得，遇粗粝不下咽，得布素不温暖，其不自由又何如乎？此即自由赖勤朴而完满之说也。或疑平等与勤朴无关，岂知世界之不平等，即由于有人不勤朴乎。一夫不耕，或受之饥；一女不织，或受之寒。已之四体不勤，其影响足令他人受饥寒，此不平等之由于不勤者也。奢侈之家，一饮一食，或耗中人十家之产，以一人之不朴，令多数人迫于饥寒，此又不平等之由于不朴者也。不勤不朴，既不自由，又不平等，刻削他人以利己，尚望其尽己之职，兼为他人尽职乎？杨先生建中学于浦东，为地方造福，即尽己之职，兼为他人尽职也。所以能如此者，即由能勤朴也，岂非吾人所当效法者乎？

或又谓有权利始有义务，唯奴隶有义务而无权利。余则谓权利由义务而生，无义务外之权利。优强人种，得在世界上占优强之位置，亦赖无数先哲之尽义务于前耳。亦有人种竟居奴隶之位置，即因该人类之先辈，不知尽应尽之义务，遂牺牲后人之权利耳。故生而为人，有几十年之生命，即有几十年之义务。当我之幼时，未能为己、为人尽义务，而有教我、养我者，此被养、被教之权利，乃我预支之权利也。他日者，我负教人、养人之责任，即我应偿之义务也。至老年无力尽义务，而不妨享固有之权利，即支用中年所积蓄者而已。故中年之人，为绝对的应尽义务之人，其尽义务，半以偿幼年之预支，半以供老年之享用。故人努力之机会，全在中年，中学生即中年之起步，安可不自勉乎？

人之生命，不可半途丧失。而有半途丧失者，譬如机器中途被毁，未尽其用，岂不可惜乎？人赖衣、食、住而生，故衣、食、住为保命之要务是也。然使但以衣、食、住保命，而更无活动以尽义务，人生亦太无聊矣。譬如机器，须有房屋以藏之，修理以维持之，此亦机器之权利也。然使但藏诸房屋而不尽其用，则机器之为机器，又何足贵乎？人之能力，远非机器之比，果能为人类尽义务，则衣、食、住之权利，不难取得。且本当发挥其良能，以庄严此世界。余故曰，权利由义务而生，无义务外之权利，而勤朴则义务自尽。

或又谓世界文明进步，机械甚多，交通便利，有无须劳动者；且因机械多，交通便，而装饰品增多，似无须尚朴者，此谬论也。机械多，交通便，所以催人勤，而非阻人勤。用机器而物价廉，地无不辟，事无不举，即助人勤之证也。美国人爱迪生[①]，固发明机器，而赞美机器之功，谓世界数十年后，可无贫人，即机器助人勤之说也。至于交通便而装饰品多，乃以装饰普及于人民，非欲个人穷奢极侈也。世界文明进步，无非以向时少数人所独享者，普及于人人而已。即就建筑布置而论，最讲究者，为学堂、博物院、公园，皆为人人可至之地，亦一证也。昔时唯多财者可以远游，而远游一次，须费多数金钱。今则交通便而旅费廉，远游之举，可普及于人人矣，非教人奢侈也，所以补褊狭之见而渐趋大同也。我国老子、俄儒托尔斯泰[②]所主张，似有反对机器、交通之意，即以机器、交通，似与勤朴主义不合也。余则谓勤朴主义，适与机器、交通相得益彰，似无须过虑。故吾

---

① 爱迪生（Thomas Alva Edison，1847—1931）：美国发明家、企业家。1877年至1879年发明留声机，实验并改进了白炽灯和电话，以后又制定用电照明系统，制成当时容量最大的发电机，建成第一座大型发电厂。还有不少电、化方面的其他发明。

② 托尔斯泰（Лев Николаевич Толстой，1828—1910）：俄国作家。著有《战争与和平》《安娜·卡列尼娜》《复活》等长篇小说。

国人今日奉行勤朴主义，不至与世界潮流反对，亦适与自国国情相合。

余又提出一公字。所谓公者，即他人尽不到之义务，吾人为之代尽也。试举一例，即杨先生之捐产兴学是矣。吾人亦当以杨先生之心为心，尽他人未尽之义务，则道德高而旧染除，国日以强矣。

（王立才笔记）

（据蔡元培演说记录稿，见《浦东中学之盛会》油印本。）

4. 养成优美高尚思想*

——在上海城东女学的演说词

（1913 年 6 月）

* 这是作者 1913 年 6 月底在上海城东女学的演说词，广益书局辑入《蔡元培言行录》。

……

弟从前亦曾担任女学，以为求国富强，人人宜受教育。既欲令人人受教育，自当以女学为最重要之事。何也？人之受教育，当自小儿时起。而小儿受母亲之教，比之受父亲之教为多。所谓习惯者，非必写字、读书，然后谓之教育也。扫地亦有教育，揩台亦有教育，入厨下烧饭亦有教育。总之，一举一动，一哭一笑，无不有教育。而主持此事者，厥唯母亲。与小儿周旋之人，未有比母亲长久而亲热者。苟母亲无学问，则小儿之危险何如乎？此已可见女学之重矣。然犹不止此，推本穷源，则胎教亦不可忽也。吾国古时，颇注意此事。女子当怀孕时，目不视恶色，耳不听恶声，口不出傲言，立必正，坐必端。何也？如孕时有不正之举动，则小儿受其影响，他年为不正之人，即由于此。苟女子无教育，则小儿在胎内时，为母体所范围，虽欲避免不良之影响，其道末由。当孩提时，又处处受母亲影响，此时染成恶习惯，他时改之最难。然则苟以教育为重要，岂可不以女学为重要乎？

弟有见及此，故亦曾组织女学，名曰“爱国女学校”。因诣力不足，为他事所牵，率不能专诚办女学，常觉抱愧于心。而白民先生自十年以前，即办女学，维持至今不衰，此弟所钦佩者也。从前曾来参观，有黄任之、刘季平诸先生任教课，崇尚柔术。其后在报上见过，知城东女学有崇尚美术、手工之倾向。今日参观，见许多美术品；听诸君唱歌，益知贵校有崇尚美术之倾向。或疑前后举动何以不一致？然以余观之，正合世界之趋势。何也？七八年前，吾人在专制政府之下，男子思革命，女子亦思革命，同心协力，振起尚武精神，驱除专制，宜也。然世界趋势，非常常如此。世有强凌弱之事，于是弱者合力以抵抗强者，逮两者之力相等，则抵抗之力无所用，人与人不必相争，当互相协力，各自分工，与人以外之强权抵抗。

人以外之强权何也？如风灾、水灾等皆是也。稻方开花而有暴风，则稻受损矣。棉方成熟而有淫雨，则棉受损矣。或大水冲决，则人民之田庐丧失。或火山暴烈，则一方之民受害。人所以受此种种灾害，毕竟由知识不足故也。使各自分工，研究学理，增加知识，则此种灾害，可渐消除。昔时道路不佳，不力不能行远；今有汽舟、汽车，可以行远，即知识增而灾害渐消之一证也。兄弟二人在家中，有时不免争竞，然外侮来时，自知互相以御外侮，更可知自家争竞之非。人与人同居一世界，犹一家也；自然界之种种灾害，犹外侮也。故人与人不当相争，而当合力以与自然抵抗。节省无益之战斗力，移之以与天然战。近世种种新发明，即由此而产出者也。达尔文初创进化论，谓生存竞争，人类亦不能免，因地上养分不足，故势必至于互争。今知其不然，损人利己，决不能获最后之优胜。故生存竞争云云，已为过去学说。最新之进化学，已不主张此说矣。如赤十字社设为救护队，虽两国相争，而该社专务救济，不论甲国、乙国，均得而救济之，不许强权者侵犯，已为世界各国所公认，此亦可见世界渐厌战争，共趋博爱之一端矣。

总之，世界须大家分担责任，又须打总算盘。吾国家族制度，父、子、兄、弟等，共居一家，饮食、衣服、房屋均公者，常易起冲突。假如一人穿新衣，一人穿旧衣，则穿旧衣者将不服，以为何厚彼而薄吾。如一人穿新衣，众人皆穿新衣，将不胜其费。如此种种冲突，实起于各人无职(责)任，而只知享用。故有提倡分至极小，以自活自养者，然仍不免糜费。例如有一大族，每日须供五十人之食，故须有一极大厨房。以其大也，分为五家，成为十人一家，然糜费仍多，因其间不免有侵欺之事也。如能互相帮助，互不相欺，则分工为之，而百事具举矣。一家之中，洗衣者常管洗衣，烧饭者常管烧饭，教育者专管教育，虽规模宏大，比之五十人为一家而过之，亦尚不为害。因崇尚强力之主义减退，共同生活之主义扩充也。

又世界将来之趋势，男女权力为相同。人类初时，男女权力不能相同者，因男子身体较强也。战争则男子任之，跋涉道途，亦男子任之,他如出外经商,政治上活动,亦均男子任之,因此等事较为劳苦也。女子任家中各事,似较安逸。然因此男子权利较多。由此可见,劳苦多者权利多,劳苦少者权利少,权利由劳苦生,非可舍劳苦而求权利。今之世界,女子职业,可与男子相同,故权利亦可相同。何也?古时相杀之事多,男子因习于战争,故体力不期而然自强。将来男子职业,不必执干戈,遵进化公例,肢体不用则消退,即可知男子体力,未必过于女子,故男、女权利可相等。

然苟趋重实业,分工交易,彼有余衣可以为吾衣,吾有余食可以为彼食,各得丰衣足食,以乐天年,岂不善乎?此身体之快乐也。然但得身体快乐,未可谓满足,因身体要死也。故尚须求精神之快乐。有身体快乐而精神苦者,似快实苦,终为愚人而已矣。然则精神之快乐如何?曰:亦在求高尚学问而已。许多学问道理考究不尽,加力研究,发现一种新理,常有非常之快乐。如考究星者,常研究星中有何原质,所行轨道如何,太阳系诸恒星如何情形,均有人考究此等事,初似与吾人无关,然苟能研究,甚为有益。考究原质者,初时知最小者为极小之原子,今又考知有更小之物,名曰电子。昔时知原子不变化,今知原子尚有变化。此等研究,有直接有益于人生日用者,有未即有用者。然考道者,不论有用无用,苟未懂至彻底,则精神不快乐也。取譬不远,但举日常授课而言,教员为学生讲解:鸡能生蛋,牛能拖车,人知利用之,取为食物,用以耕田,似已足矣;然执笔按纸,画鸡画牛,有何用乎?更以漆工制成漆鸡漆牛,又何用乎?

人当野蛮时代，以木为门，借山洞以居，苟可御风御雨已足，何故不自足，必用长方之玻璃为窗，何故必要美丽之台毯，无他，皆为不满足之一念所驱而已。饥必思食，大人之常情也。然小儿之时，虽体中已饥，竟可不知饥为何事；然其身体内自然有求食之动机，若不得食，则身体即患病，此生理上无可强制者也。吾人之精神亦然，若无科学、美术，则心中成病，精神不快。船之制作，至今世之飞船，殆可谓穷巧极工；然船之最初，不过一根木头，随意摇摇而已。车之简单者，如独力推行之牛角车是也；然一步一步改好，则有火车、电车之美备。划子帆船，比之独木船已好矣，而人心尚以为不足，此即人类进化之秘机也。其要旨，即在分工协力。今试吾人关门为之，必不能成一火轮船。何也？取轮于甲，求舆于乙，均非通工易事不为功也。由此可知，吾欲成一事，必赖许多人帮助；吾做成一事，又可帮助人成事。故吾人用一分力，与全世界人有关系，知吾人之力非枉用。

女子教育，有主张养成贤母良妻者，有不主张养成贤母良妻者。以余论之，贤母良妻，亦甚紧要。有良妻则可令丈夫成好丈夫，有贤母可令子女成贤子女，是贤母良妻亦大有益于世界。若谓贤母良妻为不善，岂不贤不良反为善乎？然必谓女子之事，但以贤母良妻为限，是又不通之论也。人之动作力，如限于一家，常耗费多而成功少，故贤母能教其三孩子者，不必专教三孩子，不妨并他人之孩子而共教之。故余以为，女子当求学之时，即须自己想定专诚学一事，如专诚学教育，专诚学科学、美术、实业均可。吾苟专精一事，自有他人专精他事，吾可与之交换也。据各先进国之经验，则女子之职业，不宜为裁判官，因女子感情易动，近于慈爱，故遇应受罚责之人，亦或以其可怜而赦之。算学、论理学亦不宜。而哲学、文学、美术学最相宜，女子偏重此各科，故此中颇产名人。然历史上名字，尚少于男子。今可察世界之趋势，不必限定，各自分趋，他日所成就，定可与男子同。

余以为自初等小学始，以至中学，即可注重实业、美术，其中可包括文学等。美国人某君，绝对注重实业。谓学堂教育，可以丧失人之能力，当使习为世界上之事，故青年之人，虽不入学堂，或助父，或助母，为一切事，均佳。入学堂者，常自谓学问甚高，是傲也。赖佣人之力以衣、食、住，习于舒服，而厌为劳苦之事，是懒也。傲且懒之习惯，殊不适于生存社会上。衣服须自裁，而彼不能自裁衣服，一切人生应为之事，彼均不能为，岂不可危乎？故某君之教育，不用教科书，不论男、女，均至厨房中烧饭。或谓裁衣为女子之事，某君曰不然，男子亦须学之。或谓解木为器，为男子之事，某君曰不然，女子亦须为之。所为各事，均即有科学寓乎中。菜即植物学也，肉即动物学也。烹调中有化学，有物理。用尺量布及绸，即为算学。剪刀剪物，亦地理学也。缝衣穿线，有重学、力学寓焉。太古不以铁为釜，将石镂空即为釜，是人类学、历史学也。美洲人之衣、食、住，与亚洲人之衣、食、住不同，是历史、地理均括于内也。我必尽义务，而后得与人共享权利；人享权利，亦必尽义务，自修身教授也。某氏发挥此主义，专著一书，名曰

《学校及社会》，实可名之曰《学校及生活》。某氏倡此主义后，赞成之者颇多。近世小学、中学，必有手工、木工、石工、金工，近世之趋势如此，亦以生活教育之重要耳。

（据广益书局编印《蔡元培言行录》，1931 年 10 月出版。）

5. 教育之高尚理想

（1915 年）

人类者，动物之一种。保持生命，继续种性之本能，动物所同具也。人类之所以视他动物为进化者，以有理想。教育者，养成人格之事业也。使仅仅为灌注知识、练习技能之作用，而不贯之以理想，则是机械之教育，非所以施于人类也。教育界中所不可缺之理想，大要如下：

一曰调和之世界观与人生观。夫世界果为何物，吾人之在世界，究居何等地位，是为哲学界聚讼之问题，诚不宜以举一废百之道强立标准。然无论何人，不可不有其一种之世界观及其与是相应之人生观，则教育之通则也。夫以世界之溥博如是，悠久如是，而吾人仅仅于其间占有数尺之形体，数十年之生命。然则以人生为本位，而忘有所谓世界观者，其见地之湫隘，所不待言。然溥博者，极微之所积，悠久者，至暂之所延，且所谓溥博而悠久者，亦无以质言其为世界之真相，而特为极微而至暂者之所想象。然则持宇宙论而不认有人生之价值者，亦空漠之主义也。纯正之理想，不可不为世界观与人生观之调和。中国宋代哲学家陆象山曰："宇宙内事，即己分内事；己分内事，即宇宙内事。"其一例也。

二曰担负将来之文化。世界，进化者也。后起者得前辈之事业以为凭借，苟其能力不逊于前人，则其所成立者，必较前人为倍蓰之进步。况教育为播种之业，其收效尚在十年以后，决不得以保存固有之文化为的，而当为更进一步之理想。中国古代之《盘铭》曰："苟日新，口日新，又日新。"此其例也。

三曰独立不惧之精神。夫教育之业，既致力于将来之文化，则凡抱陈死之思想、扭目前之功利、而干涉教育为其前途之障碍者，虽临以教会之势力，劫以政府之权威，亦当孤行其是、而无为所屈。昔苏格拉底行其服从真理之教育，为守旧者所嫉，至于下狱、受鸩而不易其操。此其例也。

四曰安贫乐道之志趣。教育之关系，至为重大，而其生涯，乃至为冷淡。各国小学教员之俸给，有不足以赡其家者。夫人苟以富贵为鹄的，则政治、实业之途，唯其所择；今舍之而委身于教育，则必于淡泊宁静之中，独有无穷之兴趣，虽高官厚禄，不与易焉。孔子曰："饭疏食，曲肱而枕之，乐亦在其中矣，不义而富且贵，于我如浮云。"谛阿舍纳(Diogene)[1]偃息桶中，亚历山大王问何所欲？对口：欲汝

---

① 谛阿舍纳(Diogene Osinoppeus，约前404—前323)：古希腊犬儒学派哲学家。

无掩我日光而已。此其例也。

夫以当今物质文明之当王,拜金主义之盛行,上述诸义,几何不被目为迂阔,然教育指导社会,而非随逐社会者也,则乌得不于是加之意焉。

(据蔡元培手稿)

6. 智育篇

——华工学校讲义

（1916 年夏）

文字　人类之思想，所以能高出于其他动物，而且进步不已者，由其有复杂之语言，而又有画一之文字以记载之。盖语言虽足为思想之表识，而不得文字以为之记载，则记忆至艰，不能不限于简单；且传达至近，亦不能有集思广益之作用。自有文字以为记忆及传达之助，则一切已往之思想，均足留以为将来之导线；而交换知识之范围，可以无远弗届。此思想之所以日进于高深，而未有已也。

中国象形为文，积文成字，或以会意，或以谐声，而一字常止一声。西洋各国，以字母记声，合声成字，而一字多不止一声。此中西文字不同之大略也。

积字而成句，积句而成节，积节而成篇，是谓文章，亦或单谓之文。文有三类：一曰，叙述之文。二曰，描写之文。三曰，辩论之文。叙述之文，或叙自然现象，或叙古今之人事，自然科学之记载，及历史等属之。描写之文，所以写人类之感情，诗、赋、词、曲等属之。辩论之文，所以证明真理，纠正谬误，孔、孟、老、庄之著书，古文中之论说辩难等属之。三类之中，间亦互有出入，(如)历史常参论断，诗歌或叙故事是也。吾人通信，或叙事，或言情，或辩理，三类之文，随时采用。今之报纸，有论说，有新闻，有诗歌，则兼三类之文而写之。

图画　吾人视觉之所得，皆面也。赖肤觉之助，而后见为体。建筑、雕刻，体面互见之美术也。其有舍体而取面，而于面之中，仍含有体之感觉者，为图画。

体之感觉何自起？曰：起于远近之比例，明暗之掩映。西人更益以绘影写光之法，而景状益近于自然。

图画之内容：曰人，曰动物，曰植物，曰宫室，曰山水，曰宗教，曰历史，曰风俗。既视建筑雕刻为繁复，而又含有音乐及诗歌之意味，故感人尤深。

图画之设色者，用水彩，中外所同也。而西人更有油画，始于"文艺中兴"时代之意大利，迄今盛行。其不设色者，曰水墨，以墨笔为浓淡之烘染者也。曰白描，以细笔勾勒形廓者也。不设色之画，其感人也，纯以形式及笔势。设色之画，其感人也，于形式、笔势之外，兼用激刺。

中国画家，自临摹旧作入手。西洋画家，自描写实物入手。故中国之画，自肖像而外，多以意构，虽名山水之图，亦多以记忆所得者为之。西人之画，则人物必有概范，山水必有实景，虽理想派之作，亦先有所本，乃增损而润色之。

中国之画，与书法为缘，而多含文学之趣味。西人之画，与建筑、雕刻为缘，而佐以科学之观察，哲学之思想。故中国之画，以气韵胜，善画者多工书而能诗。西人之画，以技能及义蕴胜，善画者或兼建筑、图画二术。而图画之发达，常与科学及哲学相随焉。中国之图画术，记(托)始于虞、夏，备于唐，而极盛于宋，其后为之者较少，而名家亦复辈出。西洋之图画术，记(托)始于希腊，发展于十四五世纪，极盛于十六世纪。近三世纪，则学校大备，画人伙颐，而标新领异之才，亦时出于其间焉。

音乐　音乐者，合多数声音，为有法之组织，以娱耳而移情者也。其所托有二：一曰人声，歌曲是也。二曰音器，自昔以金、石、丝、竹、匏、土、革、木者为之，今所常用者，为金、革、丝、竹四种。音乐中所用之声，以一秒中三十二颤者为最低，八千二百七十六颤者为最高。其间又各自为阶，如二百五十颤至五百十七颤之声为一阶，五百十七颤至千有三十四颤之声又自为一阶等，谓之音阶是也。一音阶之中，吾国古人选取其五声以作乐。其后增为七及九。而西人今日之所用，则有正声七，半声五，凡十二声。

声与声相续，而每声所占之时价，得量为申缩。以最长者为单位。由是而缩之，为二分之一，四分之一，八分之一，十六分之一，三十二分之一，及六十四分之一焉。同一声也，因乐器之不同，而同中有异，是为音色。

不同之声，有可以相谐的，或隔八位，或隔五位，或隔三位，是为谐音。

合各种高下之声，而调之以时价，文之以谐音，和之以音色，组之而为调、为曲，是为音乐。故音乐者，以有节奏之变动为系统，而又不稍滞于迹象者也。其在生理上，有节宣呼吸、动荡血脉之功。而在心理上，则人生之通式，社会之变态，宇宙之大观，皆得缘是而领会之。此其所以感人深，而移风易俗易也。

戏剧　在闳丽建筑之中，有雕刻、装饰及图画，以代表自然之景物。而又演之以歌舞，和之以音乐，集各种美术之长，使观者心领神会，油然与之同化者，非戏剧之功用乎？我国戏剧，托始于古代之歌舞及俳优；至唐而始有专门之教育；至宋、元而始有完备之曲本；至于今日，戏曲之较为雅驯、声调之较为沈郁者，唯有“昆曲”，而不投时人之好，于是“汉调”及“秦腔”起而代之。汉调亦谓之皮黄，谓西皮及二黄也。秦腔亦谓之梆子。

西人之戏剧，托始于希腊，其时已分为悲剧、喜剧两种，各有著名之戏曲。今之戏剧，则大别为歌舞及科白二种。歌舞戏又有三别：一曰正式歌舞剧(Opera)，全体皆用歌曲，而性质常倾于悲剧一方面者也。二曰杂体歌舞剧(Opera Comique)，于歌曲之外，兼用说白，而参杂悲剧以喜剧之性质者也。三曰小品歌舞剧(Opérette)，全为喜剧之性质，亦歌曲与说白并行，而结体较为轻佻者也。科白剧又别为二：一曰悲剧(Tragiqne)，二曰喜剧(Comédie)，皆不歌不舞，不和以音乐，而言语行动，一如社会之习惯。今我国之所谓新剧，即仿此而为之。西人以戏剧为社会教育之一端，故设备甚周。其曲词及说白，皆为著名之文学家所编；学校中或以是为国文教科书。其音谱，则为著名之音乐家所制。其演剧之人，皆因其性之所近，而研究于专门之学校，能洞悉剧本之精意，而以适当之神情写达之。故感人甚深，而有功于社会也。其由戏剧而演出者，又有影戏：有象无声，其感化力虽不及戏剧之巨，然名手所编，亦能以种种动作，写达意境；而自然之胜景，科学之成绩，尤能画其层累曲折之状态，补图书之所未及。亦社会教育之所利赖也。

诗歌　人皆有情。若喜、若怒、若哀、若乐、若爱、若惧、若怨望、若急迫，凡一切心理上之状态，皆情也。情动于中，则声发于外，于是有都、俞、噫、咨、吁、嗟、乌呼、咄咄、荷荷等词，是谓叹词。

虽然，情之动也，心与事物为缘。若者为其发动之因，若者为其希望之果。且情之程度，或由弱而强，或由强而弱，或由甲种之情而嬗为乙种，或合数种之情而冶诸一炉，有决非简单之叹词所能写者，于是以抑扬之声调，复杂之语言形容之。而诗歌作焉。

声调者，韵也，平、侧声也。“平”者，声之位于长短疾徐之间者也。其最长最徐之声曰“去”，较短较徐之声曰“上”，最短最徐之声曰“入”。三者皆为侧声。

语言者，词句也。古者每句多四言，而其后多五言及七言。以八句为一首者，曰律诗。十二句以上，曰排律[①]。四句者，曰绝句[②]。（绝句偶有六言者。）古体诗则句数无定。诗之字句有定数，而歌者

---

① 排律：律诗的一种。律诗一般为八句，每首十句以上者为排律。

② 绝句：诗体名。亦称“截句”。定格仅为四句，有短截义，故名。以五言、七言为主。

或不能不延一字为数声，或蹙数字为一声，于是乎有准歌声之延蹙以为诗者，古者谓之乐府[①]，后世则谓之词。词之复杂而通俗者谓之曲。词所用之字，不唯辨平侧，而又别清浊，所以谐于歌也。

古者别诗之性质为三：曰风，曰雅，曰颂。风，纯乎言情者也；雅，言情而兼叙事者也；颂，所以赞美功德者也。后世之诗，亦不外乎此三者。

与诗相类者有赋，有骈文[②]。其声调皆不如诗之谨严。赋有韵，而骈文则不必有韵。

历史　历史者，记载已往社会之现象，以垂示将来者也。吾人读历史而得古人之知识，据以为基本，而益加研究，此人类知识之所以进步也。吾人读历史而知古人之行为，辨其是非，究其成败，法是与成者，而戒其非与败者，此人类道德与事业之所以进步也。是历史之益也。

我国历史旧分三体：一曰记传体。为君主作本记，为其他重要之人物作列传，又作表以记世系及大事，作志以记典章，如《史记》[③]、

---

① 乐府：中国古代音乐官署。乐府一名始于秦，掌管朝会宴飨、道路游行时所用的音乐，兼采民间诗歌和乐曲。此处谓一种源于民间的诗体。

② 骈文：文体名。起源于汉魏，形成于南北朝。全篇以双句、偶句为主，讲究对仗和声律。

③ 《史记》，西汉司马迁撰，一百三十篇，为我国第一部纪传体通史。记事起于传说的黄帝，迄于汉武帝，跨时共三千年左右。体裁分传记为本纪、世家、列传，以"八书"记制度沿革，立"十表"以通史事脉络，为后世各史所沿用。叙史状人，生动形象，在中国历史上有很高价值。

《汉书》[1]、"二十四(其他正)史"[2]等是也。二曰编年体。循年记事，便于稽前后之关系，如《左氏春秋传》[3]及《资治通鉴》[4]等是也。三曰记事本末体。每纪一事，自为首尾，便于索相承之因果，如《尚书》[5]及《通鉴纪事本末》[6]等是也。三者皆以政治为主，而其他诸事附属之。

新体之历史，不偏重政治，而注意于人文进化之轨辙。凡夫风俗之变迁，实业之发展，学术之盛衰，皆分治其条流，而又综论其统系。是谓文明史。

又有专门记载，如哲学史、文学史、科学史、美术史之类。是为文明史之一部分，我国纪传史中之儒林，文苑诸传，及其他《宋元学案》[7]、《畴人传》[8]、《画人传》[9]等书，皆其类也。

附注《畴人传》，清阮元著，所传皆算学家。

---

① 《汉书》：东汉班固撰，中国第一部纪传体断代史。

② "二十四史"：清乾隆时，《明史》定稿，诏刊"廿二史"，又诏增《旧唐书》，并从《永乐大典》中辑出薛居正《旧五代史》，合称"二十四史"。

③ 《左氏春秋传》：亦称《左传》或《左氏春秋》，儒家经典之一。旧传春秋时左丘明所撰。

④ 《资治通鉴》：史书。北宋司马光领衔编撰二百九十四卷。体裁为编年史，上起战国，下终五代，共一千三百六十二年。

⑤ 《尚书》：亦称《书》《书经》，儒家经典之一。"尚"即"上"，上代以来之书，故名。中国上古历史文件和部分追述古代事迹著作的汇编，相传由孔子编选而成。

⑥ 《通鉴纪事本末》：宋袁枢撰，四十二卷。纪事本末体始于此书。

⑦ 《宋元学案》：黄宗羲、黄百家父子和全祖望撰，一百卷。内容将宋元两代学术思想，按不同派别加以系统的总结，是研究宋元学术思想的重要资料。

⑧ 《畴人传》：清阮元等辑录而成。包括我国从上古传说时代起到清末止天文、数学家约四百人的传记。是研究我国天文、历法、数学史的重要工具书。

⑨ 《画人传》：疑指清周亮工的《读画录》，或指 20 世纪 20 年代出版的王瞻民的《越中历代画人传》。

地理　地理者，所以考地球之位置区画及其与人生之关系者也，可别为三部。

一曰数学地理：如地球与日球及其他行星之关系，及其自转、公转之规则等是也。此吾人所以有昼夜之分，与夫春、夏、秋、冬之别。

二曰天然地理：如土壤之性质，山脉、河流之形势，动、植、矿各物之分布，气候之递变，雨量、风向之比例等是也。吾人之状貌、性情、习尚及职业，往往随所居之地而互相差别者，以此。

三曰人文地理：又别为二：其一，关于政治，如大地分为若干国，有中华民国及法国等。一国之中，又分为若干省，如中华民国有二十四省，法国有八十六省是。其不编为省者曰属地，如中华民国有蒙古、西藏，法国有安南及美、非、澳诸州属地是。其一（二），关于生计，如物产之丰啬，铁道、运河之交通，农、林、渔、牧之区域，工商之都会等是。二者，皆地理与人生有直接之关系者也。故谓之人文地理。

凡记载此等各部之现状者，谓之地理志，亦曰地志。合全地球而记载之，是谓世界地志。其限于一国者，为某国地志，如中华民国地志，及法国地志等是也。地理非图不明，故志必有图，而图不必皆附于志。

建筑　人之生也，不能无衣、食与宫室。而此三者，常于实用之外，又参以美术之意味。如食物本以适口腹也，而装置又求其悦目；衣服本以御寒暑也，而花样常见其翻新；宫室本以蔽风雨也，而建筑之术，尤于美学上有独立之价值焉。

建筑者，集众材而成者也。凡材品质之精粗，形式之曲直，皆有影响于吾人之感情。及其集多数之材，而成为有机体之组织，则尤有以代表一种之人生观。而容体气韵，与吾人息息相通焉。

吾国建筑之中，具美术性质者，略有七种：一曰宫殿。古代帝王之居处与陵寝，及其他佛寺道观等是也。率皆四阿而重檐，上有飞甍，下有崇阶，朱门碧瓦，所以表尊严富丽之观者也。二曰别墅。萧斋邃馆，曲榭回廊，间之以亭台，映之以泉石，宁朴毋华，宁疏毋密，大抵极清幽潇洒之致焉。三曰桥。叠石为穹窿式，与罗马建筑相类似。唯罗马人广行此式，而我国则自桥以外罕用之。四曰城。叠砖石为之，环以雉堞，隆以谯门，所以环卫都邑也。而坚整之概，有可观者，以万里长城为最著。五曰华表。树于陵墓之前，间用六面形，而圆者特多，冠以柱头，承以文础，颇似希腊神祠之列栏；而两相对立，则又若埃及之方尖塔然。六曰坊。所以旌表名誉，树于康衢或陵墓之前，颇似欧洲之凯旋门[①]，唯彼用穹形，而我用平构，斯其异点也。七曰塔，本诸印度而参以我国固有之风味，有七级、九级、十三级之别，恒附于佛寺，与欧洲教堂之塔相类。唯常于佛殿以外，呈独立之观，与彼方之组入全堂结构者不同。要之，我国建筑，既不如埃及式之阔大，亦不类峨特式之高骞，而秩序谨严，配置精巧，为吾族数千年来守礼法尚实际之精神所表示焉。

---

① 凯旋门：古罗马奴隶统治者及以后的欧洲封建帝王，为炫耀对外侵略战绩而建的一种纪念性建筑。用石砌成，形似门楼。有一个或三个拱券门洞，上刻宣扬统治者的浮雕。通常建在城市主要街道或广场上。例如法国拿破仑一世在巴黎建的“军队光荣”凯旋门。

雕刻　音乐、建筑皆足以表示人生观，而表示之最直接者为雕刻。雕刻者，以木、石、金、土之属，刻之范之，为种种人物之形象者也。其所取材，率在历史之事实，现今之风俗，即有推本神话宗教者，亦犹是人生观之代表云尔。

雕刻之术，大别为二类：一浅雕凸雕之属，像不离璞，仅以圻堮起伏之文写示之者也。如山东嘉祥之汉武梁祠画像[①]，及山西大同之北魏造像等属之。一具体之造像，雕刻之工，面面俱到者也。如商武乙[②]为偶人以像天神，秦始皇铸金人[③]十二，及后世一切神祠佛寺之像皆属之。

雕刻之精者，一曰匀称，各部分之长短肥瘠，互相比例，不违天然之状态也。二曰致密，琢磨之工，无懈可击也。三曰浑成，无斧凿痕也。四曰生动，仪态万方，合于力学之公例，神情活现，合于心理学之公例也。吾国之以雕刻名者，为晋之戴逵[④]，尝刻一佛像，自隐帐中，听人臧否[⑤]，随而改之。如是者十年，厥工方就。然其像不传。

---

① 武梁祠画像：东汉画像石。在今山东济宁紫云山，是武氏家族墓葬的双阙和四个石祠堂的装饰画，其中以武梁祠为最早。由名石工卫改负责雕刻，前后陆续营造达数十年，亦称武氏祠画像。此画像雕刻，艺术风格浑朴雄健，是研究东汉末期社会历史的重要参考资料。

② 武乙：生卒年不详，商庚丁子。庚丁死后继位，在位四年。在位期间，与势力很大的巫教斗争，命工匠制木偶以为天神，让左右痛打木偶，以象征天神遭谴，巫权下落，王权上升。

③ 金人：即铜人。《史记·秦始皇本纪》："金人十二，重各千石，置于宫中。"

④ 戴逵（？—396）：东晋学者、雕塑家、画家。

⑤ 臧否：品评，褒贬。汉张衡《西京赋》："街谈巷议，弹射臧否。"

其后以塑像名者，唐有杨惠之[1]，元有刘元[2]。西方则古代希腊之雕刻，优美绝伦；而十五世纪以来，意、法、德、英诸国，亦复名家辈出。吾人试一游巴黎之罗舟及罗浮宫博物院，则希腊及法国之雕刻术，可略见一斑矣。

相传越王勾践[3]尝以金铸范蠡[4]之像，是为我国铸造肖像之始。然后世鲜用之。西方则自罗马时竞尚雕铸肖像，至今未沫。或以石，或以铜，无不面目逼真焉。

我国尚仪式，而西人尚自然，故我国造像，自如来袒胸，观音赤足，仍印度旧式外，鲜不具冠服者。西方则自希腊以来，喜为裸像，其为骨骼之修广，筋肉之张弛，悉以解剖术为准。作者固不能不先有所研究，观者亦得为练达身体之一助焉。

装饰 （Art Dècoratif） 装饰者，最普通之美术也。其所取之材，曰石类，曰金类，曰陶土，此取诸矿物者也；曰木，曰草，曰藤，曰棉，曰麻，曰果核，曰漆，此取诸植物者也；曰介，曰角，曰骨，曰牙，曰皮，曰毛羽，曰丝，此取诸动物者也。其所施之技，曰刻，曰铸，曰陶，

---

① 杨惠之：唐开元(713—741)年间雕塑家。和吴道子同师张僧繇笔法，后专攻雕塑，当时有“道子画，惠之塑，夺得僧繇神笔路”之说。他擅长制作佛像，在南北各地寺院制作了许多塑像。

② 刘元：元代雕塑家。字秉元，天津宝坻人。曾为北京城许多庙宇塑造佛像。

③ 勾践(？—公元前465)：春秋末年越国君主。公元前497年至前465年在位。曾被吴国大败。之后，他卧薪尝胆，刻苦图强，十年生聚，十年教训，终于国力大振，灭亡吴国，雪耻报仇，成为一时的霸主。

④ 范蠡：春秋末年政治家。字少伯，楚国宛(今河南南阳)人。为越国大夫。越为吴所败时，曾赴吴为质二年。回越后，佐越王勾践发愤图强，终于灭吴。晚年离越入齐，至陶(今山东定陶西北)，以经商致富，称“陶朱公”。

曰镶，曰编，曰织，曰绣，曰绘。其所写像者，曰几何学之线面，曰动植物及人类之形状，曰神话宗教及社会之事变。其所附丽者，曰身体，曰被服，曰器用，曰宫室，曰都市。

身体之装饰，一曰文身，二曰亏体。文身之饰，或绘或刺，为未开化所常有。我国今唯演剧时或以粉墨涂面；而臂上花绣，则唯我国之拳棒家，外国之航海家，间或有之。亏体之饰，如野蛮人穿鼻悬环，凿唇安木之属。我国妇女，旧有缠足、穿耳之习，亦其类也。

被服之装饰，如冠、服、带、佩及一切金、钻、珠、玉之饰皆是。近世文明民族，已日趋简素；唯帝王、贵族及军人，犹有特别之制服；而妇女冠服，尚喜翻新。巴黎新式女服，常为全欧模范。德、法开战以后，德政府尝欲创日耳曼式以代之，而德之妇女，未能从焉。

器用之装饰，大之如坐卧具，小之如陈设品皆是。我国如商、周之钟鼎，汉之铲镜，宋以后之瓷器，皆其选也。

宫室之装饰，如檐楣柱头，多有刻文；承尘及壁，或施绘画；集色彩之玻板以为窗，缀斑驳之石片以敷地，皆是。其他若窗幕、地毯之类，亦附属之。

部(都)市之装饰，如《考工记》："匠人营国，方九里，旁三门，国中九经九纬，经涂九轨。"所以求匀称而表庄严也。巴黎一市，揽森河左右，纬以长桥，界为驰道，间以广场，文以崇闳之建筑，疏以广大之园林，积渐布置，蔚为大观；而驰道之旁，荫以列树，芬以花塍；广场及公园之中，古木杂花，喷泉造像，分合错综，悉具意匠。是皆所以餍公众之美感，而非一人一家之所得而私也。

由是观之，人智进步，则装饰之道，渐异其范围。身体之装饰，为未开化时代所尚；都市之装饰，则非文化发达之国，不能注意。由近而远，由私而公，可以观世运矣。

（据北京大学新潮社编印：《蔡孑民先生言行录》。）

7. 两种感想与三点希望

——在清华学校高等科的演说词*

(1917 年 3 月 29 日)

* 清华学校,即今清华大学之前身。1911 年,清政府用美国退还的"庚子赔款"开办的一所留学预备学校。1925 年起逐步改办为大学。

两种感想　鄙人今日参观贵校，有两种感想：一为爱国心，一为人道主义。溯贵校之成立，远源于庚子之祸变①。吾人对于往时国际交涉之失败，人民排外之蠢动，不禁愧耻，而油然生爱国之心，一也。美国以正义为天下倡，特别退还赔款，为教育人才之用，吾人因感其诚而益信人道主义之终可实现，二也。此二感想，同时涌现于吾心中。夫国家主义与人道主义，初若不相容者，如国家自卫，则不能不有常设之军队。而社会之事业，若交通，若商业，本以致人生之乐利。乃因国界之分，遂反生种种障碍，种种垄断。且以图谋国家生存、国力发展之故，往往不恤以人道为牺牲。欧洲战争，是其著

---

① 庚子之祸变：指1900年（清光绪二十六年，农历庚子年）八国联军攻占北京，强迫清政府于次年订立《辛丑条约》。其中规定付给各国"偿款"海关银四亿五千两，年息四厘，分三十年还清，本息共计九亿八千二百二十三万八千一百五十两，以海关税、常关税和盐税为抵押，使国库本已空虚的清政府财政状况更加恶化。

例。吾人对现在国家之组织，断不能云满意，于是学者倡无政府主义，欲破坏政府之组织，以个人为单位，以人道为指归。国家主义与世界主义之不相容，盖如此矣。而何以在贵校所得之二感想，同时盘旋于吾心中？岂非以今日为两主义过渡之时代，吾人固同具此爱国心与人道观念欤？国家主义与世界主义之过渡，求之事实而可征。今日世界慈善事业，若红十字会等组织，已全泯国界。各国工会之集合，亦以人类为一体。至思想学术，则世界所公，本无国别。凡此皆日趋大同之明证。将来理想之世界，不难推测而知矣。盖道德本有三级：(一) 自他两利；(二) 虽不利己而不可不利他；(三) 绝对利他，虽损己亦所不恤。人与人之道德，有主张绝对利他，而今之国际道德，止于自他两利，故吾人不能不同时抱爱国心与人道主义。唯其为两主义过渡之时代，不能不调剂之，使不相冲突也。

对清华学生之希望　吾人之教育，亦为适应此时代之预备。清华学生，皆欲求高深之学问于国外，对于此将来之学者，尤不能无特别之希望，故更贡数言如下：

一曰发达个性。分工之理，在以己之所长，补人之所短，而人之所长，亦还以补我之所短。故人类分子，决不当尽归于同化，而贵在各能发达其特性。吾国学生游学他国者，不患其科学程度之不若人，患其模仿太过而消亡其特性。所谓特件，即地理、历史、家庭、社会所影响于人之性质者是也。学者言进化最高级为各具我性，次则各具个性。能保我性，则所得于外国之思想、言论、学术，吸收而消化之，尽为“我”之一部，而不为其所同化。否则留德者为国内增加几辈德人，留法者、留英者，为国内增加几辈英人、法人。夫世界上能增加此几辈有学问、有德行之德人、英人、法人，宁不甚善？无如失其我性为可惜也。往者学生出外，深受刺激，其有毅力者，或缘之而益自发愤；其志行稍薄弱者，即弃捐其“我”而同化于外人。所望后之留学者，必须以“我”食而化之，而毋为彼所同化。学业修毕，更遍游数邦，以尽吸收其优点，且发达我特性也。

二曰信仰自由。吾人赴外国后，见其人不但学术政事优于我，即品行风俗亦优于我，求其故而不得，则曰是宗教为之。反观国内，黑暗腐败，不可救疗，则曰是无信仰为之。于是或信从基督教，或以中国不可无宗教，而又不愿自附于耶教，因欲崇孔子为教主，皆不明因果之言也。彼俗化之美，仍由于教育普及，科学发达，法律完备。人人于因果律知之甚明，何者行之而有利，何者行之而有害，辨别之甚析，故多数人率循正轨耳。于宗教何与？至于社会上一部分之黑暗，何国蔑有，不可以观察未周而为悬断也。质言之，道德与宗教，渺不相涉。故行为不能极端自由，而信仰不可不自由。行为之标准，根于习惯；习惯之中，往往并无善恶是非之可言，而社交上不能不率循之者。苟无必不可循之理由，而故与违反，则将受多数人无谓之嫌忌，而我固有之目的，将因之而不得达。故入境问禁，入国问俗，不能不有所迁就。此行为之不能极端自由也。若夫信仰则属之吾心，与他人毫无影响，初无迁就之必要。昔之宗教，本初民神话创造万物末日审判诸说，不合科学，在今日信者盖寡。而所谓与科学不相冲突之信仰，则不过玄学问题之一假定答语。不得此答语，则此问题终梗于吾心而不快。吾又穷思冥索而不得，则且于宗教哲学之中，择吾所最契合之答语，以相慰藉焉。孔[1]之答语可也，耶[2]之答语可也，其他无量数之宗教家、哲学家之答语亦可也。信仰之为用如此。既为聊相慰藉之一假定答语，吾必取其与我最契合者，则吾之抉择有完全之自由，且亦不能限于现在少数之宗教。故曰信仰期于自由也。明乎此，则可以勿眩于习闻之宗教说矣。

三曰服役社会。美洲有取缔华工之法律，虽由工价贱，而美工人不能与之竞争，致遭摈斥，亦由我国工人知识太低，行为太劣，而有以自取其咎。唐人街之腐败，久为世所诟病[3]。留学生对于此不幸之同胞，有补救匡正[4]之天职。欧洲留学界已有行之者，如巴黎之俭学会，对于法国招募华工，力持工价与法人平等及工人应受教育之议。俭学会并设一华工学校，授工人以简易国文、算术及法语，又刊《华工杂志》，用白话撰述，别附中法文对照之名词短语，以牖[5]华工之知识。英国留学生亦有同样之事业，其所出杂志，定名《工读》。是皆于求学之暇，为同胞谋幸福者也。美洲华工，其需此种扶助尤急，而商人巨贾，不暇过问，唯待将来之学者急起图之耳。贵校

---

① 孔：指孔子。

② 耶：指耶稣。

③ 诟病：耻辱，引申为指斥或嘲骂。《礼记·儒行》："常以儒相诟病。"

④ 匡正：纠正，扶正。《后汉书·孔融传》："会董卓废立，融每因对答，辄有匡正之言。"

⑤ 牖：通"诱"，诱导。《诗·大雅·板》："牖民孔易。"

平日对于社会服役，提倡实行，不遗余力，如校役夜课及通俗演讲等，均他校所未尝有。窃望常抱此主义，异日到美后，推行于彼处之华工，则造福宏矣。

（据北京大学新潮社编印：《蔡孑民先生言行录》。）

8. 以美育代宗教说*

——在北京神州学会上的演说词

（1917 年 4 月 8 日）

* 这篇演说词先后刊载于《新青年》第 3 卷第 6 号(1917 年 8 月 1 日出版)及《学艺》杂志第 1 年第 2 号(1917 年 9 月出版);辑入《蔡孑民先生言行录》时,曾作修订。

兄弟于学问界未曾为系统的研究，在学会中本无可以表示之意见。唯既承学会诸君子责以讲演，则以无可如何中，择一于我国有研究价值之问题为到会诸君一言，即“以美育代宗教”之说是也。

夫宗教之为物，在彼欧西各国，已为过去问题。盖宗教之内容，现皆经学者以科学的研究解决之矣。吾人游历欧洲，虽见教堂棋布，一般人民亦多入堂礼拜，此则一种历史上之习惯。譬如前清时代之袍褂，在民国本不适用，然因其存积甚多，毁之可惜，则定为乙种礼服而沿用之，未尝不可。又如祝寿、会葬之仪，在学理上了无价值，然戚友中既以请帖、讣闻相招，势不能不循例参加，借通情愫。欧人之沿习宗教仪式，亦犹是耳。所可怪者，我中国既无欧人此种特别之习惯，乃以彼邦过去之事实作为新知，竟有多人提出讨论。此则由于留学外国之学生，见彼国社会之进化，而误听教士之言，一切归功于宗教，遂欲以基督教劝导国人。而一部分之沿习旧思想者，则承前说而稍变之，以孔子为我国之基督，遂欲组织孔教，奔走呼号，视为今日重要问题。

自兄弟观之，宗教之原始，不外因吾人精神作用而构成。吾人精神上之作用，普通分为三种：一曰知识，二曰意志，三曰感情。最早之宗教，常兼此三作用而有之。盖以吾人当未开化时代，脑力简单，视吾人一身与世界万物，均为一种不可思议之事。生自何来？死将何往？创造之者何人？管理之者何术？凡此种种，皆当时之人所提出之问题，以求解答者也。于是有宗教家勉强解答之。如基督教推本于上帝，印度旧教则归之梵天①，我国神话则归之盘古②。其他各种现象，亦皆以神道为唯一之理由。此知识作用之附丽于宗教者也。且吾人生而有生存之欲望，由此欲望而发生一种利己之心。其初以为非损人不能利己，故恃强凌弱，掠夺攫取之事，所在多有。其后经验稍多，知利人之不可少，于是有宗教家提倡利他主义。此意志作用之附丽于宗教者也。又如跳舞、唱歌，虽野蛮人亦皆乐此不疲。而对于居室、雕刻、图画等事，虽石器时代之遗迹，皆足以考见其爱美之思想。此皆人情之常，而宗教家利用之以为诱人信仰之方法。于是未开化人之美术，无一不与宗教相关联。此又情感作用

① 梵天：为婆罗门教、印度教主神之一，即创造之神。

② 盘古：我国神话中开天辟地之人。据《太平御览》和三国时徐整《三王历记》记载，传说盘古生于天地混沌中，后来天地开辟，天日高一丈，地日厚一丈，他亦日长一丈，如此历一万八千岁，使阳清为天、阴浊为地，两者相距日远。所有日月、星辰、风云、山川、草木、金属等，都是在他死后，由其身体各部变成。

之附丽于宗教者也。天演之例,由混而昼。当时精神作用至为混沌,遂结合而为宗教。又并无他种学术与之对,故宗教在社会上遂具有特别之势力焉。

迨后社会文化日渐进步,科学发达,学者遂举古人所谓不可思议者,皆一一解释之以科学。日星之现象,地球之缘起,动植物之分布,人种之差别,皆得以理化、博物、人种、古物诸科学证明之。而宗教家所谓吾人为上帝所创造者,从生物进化论观之,吾人最初之始祖,实为一种极小之动物,后始日渐进化为人耳。此知识作用离宗教而独立之证也。宗教家对于人群之规则,以为神之所定,可以永远不变。然希腊诡辩家,因巡游各地之故,知各民族之所谓道德,往往互相抵触,已怀疑于一成不变之原则。近世学者据生理学、心理学、社会学之公例,以应用于伦理,则知具体之道德不能不随时随地而变迁;而道德之原理则可由种种不同之具体者而归纳以得之;而宗教家之演绎法[①],全不适用。此意志作用离宗教而独立之证也。

知识、意志两作用,既皆脱离宗教以外,于是宗教所最有密切关系者,唯有情感作用,即所谓美感。凡宗教之建筑,多择山水最胜之处,吾国人所谓天下名山僧占多,即其例也。其间恒有古木名花,传播于诗人之笔,是皆利用自然之美以感人者。其建筑也,恒有峻秀之塔,崇闳幽邃之殿堂,饰以精致之造像,瑰丽之壁画,构成黯淡之光线,佐以微妙之音乐。赞美者必有著名之歌词,演说者必有雄辩

① 演绎法:演绎推理。

之素养，凡此种种，皆为美术作用，故能引人入胜。苟举以上种种设施而屏弃之，恐无能为役矣。然而美术之进化史，实亦有脱离宗教之趋势。例如吾国南北朝著名之建筑则伽蓝[1]耳，其雕刻则造像耳，图画则佛像及地狱变相之属为多；文学之一部分，亦与佛教为缘。而唐以后诗文，遂多以风景人情世事为对象；宋元以后之图画，多写山水花鸟等自然之美。周以前之鼎彝，皆用诸祭祀。汉唐之吉金，宋元以来之名瓷，则专供把玩。野蛮时代之跳舞，专以娱神，而今则以之自娱。欧洲中古时代留遗之建筑，其最著者率为教堂，其雕刻图画之资料，多取诸新旧约[2]；其音乐，则附丽于赞美歌；其演剧，亦排演耶稣故事，与我国旧剧"目莲救母"相类。及文艺复兴[3]以后，各种美术，渐离宗教而尚人文。至于今日，宏丽之建筑，多为学校、剧院、博物院。而新设之教堂，有美学上价值者，几无可指数。其他美术，亦多取资于自然现象及社会状态。于是以美育论，已有与宗教分合之两派。以此两派相较，美育之附丽于宗教者，常受宗教之累，失其陶养之作用，而转以激刺感情。盖无论何等宗教，无不有扩张己教、攻击异教之条件。……基督教与回教冲突，而有十字

---

① 伽蓝：佛教寺院的通称。原为梵文的音译，僧伽蓝摩的简称，意译即"众园"或"僧院"。

② 新旧约：天主教以《旧约全书》《新约全书》为圣经。

③ 文艺复兴：指 14 世纪至 16 世纪欧洲文化和思想发展的一个时期。初始于意大利，后逐渐扩展到欧洲各国。它反映新兴资产阶级的利益和要求，反对中世纪的思想禁锢和宗教束缚。16 世纪资产阶级史学家认为它是古代文化的复兴，因而得名。

军之战[1],几及百年。基督教中又有新旧教之战,亦亘数十年之久。至佛教之圆通[2],非他教所能及。而学佛者苟有拘牵教义之成见,则崇拜舍利[3]受持经忏之陋习,虽通人亦肯为之。甚至为护法起见,不惜于共和时代,附和帝制。宗教之为累,一至于此,皆激刺感情之作用为之也。

鉴激刺感情之弊,而专尚陶养感情之术,则莫如舍宗教而易以纯粹之美育。纯粹之美育,所以陶养吾人之感情,使有高尚纯洁之习惯,而使人我之见、利己损人之思念,以渐消沮者也。盖以美为普遍性,决无人我差别之见能参入其中。食物之入我口者,不能兼果他人之腹;衣服之在我身者,不能兼供他人之温,以其非普遍性也。美则不然。即如北京左近之西山,我游之,人亦游之;我无损于人,人亦无损于我也。隔千里兮共明月,我与人均不得而私之。中央公园之花石,农事试验场之水木,人人得而赏之。埃及之金字塔、希腊之神祠、罗马之剧场,瞻望赏叹者若干人,且历若干年,而价值如故。各国之博物院,无不公开者,即私人收藏之珍品,亦时供同志之赏览。各地方之音乐会、演剧场,均以容多数人为快。所谓独乐乐不如与人乐乐,寡乐乐不如与众乐乐,以齐宣王之惛,尚能承认之。美

---

① 十字军之战:西欧封建主、大商人和天主教会为扩张势力及掠夺财富,以维护基督教名义,对东地中海沿岸地区发动了侵略性的战争。这次以从“异教徒”(穆斯林)手中夺回圣地耶路撒冷为名义的东侵,前后八次,历时近二百年(1096—1291)。史称十字军东征。

② 圆通:佛教名词。圆,无偏缺;通,无障碍、顺达。《楞严经》卷二十二:“慧觉圆通,得无疑惑。”

③ 舍利:梵文的音译,亦译“设利罗”,意译为“身骨”。通常指释迦的遗骨为佛骨或佛舍利。

之为普遍性可知矣。且美之批评,虽间亦因人而异,然不曰是于我为美,而曰是为美,是亦以普遍性为标准之一证也。

美以普遍性之故,不复有人我之关系,遂亦不能有利害之关系。马牛,人之所利用者,而戴嵩[1]所画之牛,韩干[2]所画之马,决无对之而作服乘之想者。狮虎,人之所畏也,而卢沟桥之石狮,神虎桥之石虎,决无对之而生搏噬之恐者。植物之花,所以成实也,而吾人赏花,决非作果实可食之想。善歌之鸟,恒非食品。灿烂之蛇,多含毒液。而以审美之观念对之,其价值自若。美色,人之所好也;对希腊之裸像,决不敢作龙阳之想;对拉飞尔[3]若鲁滨司[4]之裸体画,决不敢有周昉[5]秘戏图之想。盖美之超绝实际也如是。且于普通之美以外,就特别之美而观察之,则其义益显。例如崇闳之美,有至大至刚两种。至大者如吾人在大海中,唯见天水相连,茫无涯涘。又如夜中仰数恒星,知一星为一世界,而不能得其止境,顿觉吾身之小虽微尘不足以喻,而不知何者为所有。其至刚者,如疾风震霆,覆舟倾屋,洪水横流,火山喷薄,虽拔山盖世之气力,亦无所施,而不知何者

---

① 戴嵩:唐画家。师事韩滉,擅画田野之景,尤善水牛,后人称其“得野性筋骨之妙”。与韩干绘马,世并称“韩马戴牛”。

② 韩干:唐画家,长安人。善画人物,尤工马,骨肉均匀,得其神气,自成一家。

③ 拉飞尔:现译拉斐尔(1483—1520),意大利文艺复兴时期画家、建筑师。其代表作有《西斯廷圣母》《卡斯提利宾奈像》《自画像》等。

④ 鲁滨司:现译鲁本斯(1577—1640),佛兰德斯画家。生于律师家庭。创作的神话、历史、宗教、人物肖像及风俗和风景画等作品,气象万千,色彩富丽。作品有《智者朝圣图》《农民的舞蹈》《戴帽子的女人》《亚马孙之战》等。

⑤ 周昉:唐画家。字景玄,京兆(今陕西西安)人。工仕女,并擅长作佛道宗教画。相传《簪花仕女》《挥扇仕女》为他所作。

为好胜。夫所谓大也，刚也，皆对待之名也。今既自以为无大之可言，无刚之可恃，则且忽然超出乎对待之境，而与前所谓至大至刚者肸合而为一体，其愉快遂无限量。当斯时也，又岂尚有利害得丧之见能参入其间耶！其他美育中，如悲剧之美，以其能破除吾人贪恋幸福之思想。《小雅》[①]之怨悱，屈子[②]之离忧，均能特别感人。《西厢记》若终于崔、张团圆，则平淡无奇；唯如原本之终于草桥一梦，始足发人深省。《石头记》若如《红楼后梦》等，必使宝、黛成婚，则此书可以不作；原本之所以动人者，正以宝、黛之结果一死一亡，与吾人之所谓幸福全然相反也。又如滑稽之美，以不与事实相应为条件。如人物之状态，各部分互有比例。而滑稽画中之人物，则故使一部分特别长大或特别短小。作诗则故为不谐之声调，用字则取资于同音异义者。方朔[③]割肉以遗细君，不自责而反自夸。优旃[④]谏漆城，不言其无益，而反谓漆城荡荡，寇来不得上，皆与实际不相容，故令人失笑耳。要之，美学之中，其大别为都丽之美，崇闳之美（日本人

---

① 《小雅》：《诗经》组成部分之一。大部分为西周后期及东周初期贵族宴会乐歌，小部分是批评时政过失或抒发怨愤之情的民间歌谣。

② 屈子：即屈原（约公元前340—公元前278），我国史载最早的伟大诗人。名平，字原；又自云名正则，字灵均。战国楚人。楚怀王时任左徒、三闾大夫。学识渊博，主张彰明法度，联齐抗秦。后遭子兰、靳尚陷害去职。顷襄王时被放逐，浪迹沅湘流域。见楚国政治日益腐败，无力实现自己的政治理想，遂投汨罗江而死。诗篇表现他深沉的忧国情愫和为理想献身的精神，文辞优美，想象力丰富，对后世影响极大。据《汉书·艺文志》著录《屈原赋》二十五篇，其书久佚，后世所见《离骚》《九歌》《天问》《九章》等名篇，系出自刘向辑集的《楚辞》。

③ 方朔：当指东方朔（公元前154—公元前93），西汉文学家。字曼倩，平原厌次（今山东惠民）人。武帝时为太中大夫。性诙谐滑稽，善辞赋。后世关于他的传说很多。

④ 优旃：古代优人。优旃谏漆城，出自《史记·滑稽列传》："优旃者，秦倡侏儒也。"又载"始皇尝议欲大苑囿"，"二世立，又欲漆其城"，皆因优旃讽谏而止。

译言优美、壮美)。而附丽于崇闳之悲剧,附丽于都丽之滑稽,皆足以破人我之见,去利害得失之计较,则其所以陶养性灵,使之日进于高尚者,固已足矣。又何取乎侈言阴骘[1],攻击异派之宗教,以激刺人心,而使之渐丧其纯粹之美感为耶。

(据北京大学新潮社编印:《蔡孑民先生言行录》。)

---

① 阴骘:骘,定,称阴德为"阴骘"。《书·洪范》:"唯天阴骘下民。"意谓天默默地安定下民。

9. 人生的三个时期

——在中国大学四周年纪念会上的演说词

（1917 年 4 月 29 日）

今日为中国大学成立四周年纪念之期，又更名纪念会之期，及专门部、中学科举行毕业式之期，关系最为重要。鄙人不敏，聊贡数言。今日鄙人来此地方，生有一种感想，因中国大学与他校不同，实具有一种特性。此种特性，实与社会及吾人大有关系。

吾人自出生以至于死，可分三时期：第一预备时期，即幼年。第二工作时期，即壮年。第三休息时期，即老年。良以社会既予吾人以大利益，则吾人不可不预备代价，以为交换之具。吾人所受社会之利益，与同人缔有债务与契约无异。既欠人债，即不能不想还债。故少年预备时期，亦即为少年欠债时期。而工作时期，即为中年还债时期。然吾人一至中年，即距老不远，故不能不储蓄，以为第三期休息之预备。而老年苟有能力，仍为社会服务，不过不及壮年之多耳，止可谓之半息，而不能谓之全息。尝见外国之实业家、教育家、著作家，老而治事，至死后已，即此义也。吾人在校肄业，即为预备及欠债时期，毕业即入还债时期矣。专门部诸君今日毕业，明日在社会上即担任有还债之义务。换言之，即是脱离第一时期，而入第二之工作时期。虽中学科毕业之后，有入大学部或专门部深造者，然亦有在社会上作事者。在社会上作事，亦是入于工作时期。故吾人一生，实以第二时期为最重要。

然此种工作，亦不能不有预备。此种预备有二：（一）材料之预备，如学生之课程是也。（二）能力之预备，即以学校为锻炼吾人体力、脑力之助，又以职教员之训练及其所授于吾人之模范为修养之助。中国大学职教员有两种特性而又为吾人模范者：

一、坚忍心，如学科之编制及经费之筹备。中国大学之成立，固已四年于兹，然此四年中，艰难困苦，实已备尝。在创办者原想设立一完全大学，故有大学预科之编制。然大学年限过长，设备又须完全，而校中经费，诸多支绌，故又不能不退一步而有专门部之编制。此种事务，如在他人，必畏难而不办矣。然中国大学之职教员，则虽艰难困苦备尝，而其初心不少更易。暂时固因经费支绌之关系，而不能大遂所志，但总希望完全办到。故中国大学职教员之坚忍心，可谓吾人模范也。

二、即本校职教员富有义务心，即责任心。何以见之？各职教员有兼任两校功课者，若因甲校之报酬较乙校为厚，遂勤于甲校而怠于乙校，其鄙陋之心，影响于学生最大。而中国大学之职教员，则绝无此状。虽因本校经费支绌，报酬较薄，而训导学生，勤恳无比，其义务心尤足为吾人之模范也。是以中国大学毕业诸生，多杰出之才，实校中职教员兼有以上两种特性有以成之。

今则毕业诸生，已入工作时期，以后服务社会，应守母校之模范，历久勿失，莫惧艰难，莫忧烦琐，一以坚忍耐劳出之，无不成者。且勿以毕业生自负，一经任事，先计报酬。试思我国经济，困难已极，人人以报酬为先务，势必穷于供给，而各事将无人过问。毕业诸生，当明斯理。以后处世，即使毫无权利，则义务亦在所应尽。以义务为先，毋以权利为重，庶足符母校之精神矣。鄙人际兹盛会，无任欢忻，谨竭诚祝曰：

中国大学万岁！

中国大学毕业诸生万岁！

（据北京大学新潮社编印：《蔡孑民先生言行录》。）

10. 思想之自由

——在南开学校敬业、励学、演说三会联合讲演会上的演说词*

（1917 年 5 月 23 日）

---

* 此篇系周恩来笔录，原题为《蔡孑民先生讲演录·思想之自由》，加有引言："民国六年五月二十三日，校中自治励学、演说两会暨本会开联合讲演会，特烦姜先生般若往京，敦请蔡孑民、李石曾、吴玉章三先生主讲。诸先生不嫌烦琐，慨然贲临。蔡先生取'思想之自由'为题，名言谠论，娓娓动人。记者于六年前，即获读先生著作，今日始得一瞻风采。私幸之余，用是不揣谫陋，随笔录之，归而略修其辞，宣吾报端，以餍（谏）同好。至李先生演说，以其属于留法俭学会，业由梦僧君笔录，载入'谈话'栏。而吴先生则以时间匆促，未得演讲，此又记者深为怅怅者也。"

……

讲题之采取，系属于感想而得。顷与全校诸君言道德之精神在于思想自由，即足为是题之引。

……

人生在世，身体极不自由。以贵校体育论，跃高掷重，成绩昭然。（本岁远东运动会，本校同学以跃高、掷重列名，故先生言如此。）然而练习之始，其难殆百倍于成功之日。航空者置身太空，自由极矣，乃卒不能脱巨风之险。习语言者，精一忘百，即使能通数地或数国方言，然穷涉山川，终遇隔膜之所。是知法律之绳人，亦犹是也。然法律不自由中，仍有自由可寻。自由者何？即思想是也。但思想之自由，亦自有界说。彼倡天地新学说者，必以地圆为谬，而倡其地平日动之理。其思想诚属自由，然数百年所发明刊定不移之理，讵能一笔抹杀！且地圆之证据昭著，既不能悉于(以)推翻，修取一二无足轻重之事，为地平证，则其学说不能成立也宜。又如行星之轨道，为有定所，精天文者，久已考明。乃幻想者流，必数执已定之理，屏为不足道，别创其新奇之论。究其实，卒与倡天地新学说者将同归失败。此种思想，可谓极不自由。盖正(真)理既已公认不刊，而驳之者犹复持闭关主义，则其立论终不得为世人赞同，必矣。

舍此类之外，有所谓最自由者，科学不能禁，五官不能干，物质不能范，人之寿命，长者百数十年，促者十数年，而此物之存在，则卒不因是而间断。近如德人之取尸炸油，毁人生之物质殆尽，然其人之能存此自由者，断不因是而毁灭。在昔有倡灵魂论，宗教家主之，究之仍属空洞。分思想于极简单，分皮毛于极细小，仍亦归之物质，而物质之作用，是否属之精神，尚不可知。但精神些微之差，其竟足误千里。故精神作用，现人尚不敢曰之为属于物质，或曰物质属之于精神。且精神、物质之作用，是否两者具备，相辅而行？或各自为用，毫不相属？均在不可知之数。如摄影一事，其存者果为精神？抑为物质、精神两者均系之？或两者外别有作用？此实不敢武断。

论物质，有原子，原子分之又有电子。究竟原子、电子何属？吾人之思想试验，殊莫知其奥。论精神，其作用之最微者又何而属？吾人更不得知。而空中有所谓真空，各个以太，实则其地位何若，态度何似，更属茫然。度量衡之短而小者，吾人可以意定，殆分之极细，长之极大，则其极不得而知。譬之时计，现为四句钟，然须臾四钟即逝，千古无再来之日，其竟又将如何耶？伍廷芳[①]先生云，彼将活二百岁。二百岁以后何似？推而溯之原始，终不外原子、电子之论。考地质者，亦不得极端之证验。地球外之行星，或曰已有动物存在，其始生如何，亦未闻有发明者。

人生在世，钩心斗智，相争以学术，鞠躬尽瘁，死而后已，亦无非争此未勘破之自由。评善恶者，何者为善，何者为恶，禁作者为违法之事，而不作者亦非尽恶。以卫生论，卫生果能阻死境之不来欤？生死如何，民族衰亡如何，衰亡之早晚又如何，此均无确当之论。或曰终归之于上帝末日之裁判，此宗教言也。使上帝果人若，则空洞不可得见，以脑力思之，则上帝非人，而其至何时，其竟何似，均不可知，是宗教亦不足征信也。有主一圆（元）说者，主二圆（元）说者，又有主返原之论者，使人人倾向于原始之时。今之愿战，有以为可忧，有以为思想学术增进之导线。究之以上种种，均有对待可峙，无人敢信其为绝对的可信，亦无有令人绝对的可信之道也。

是故，吾人今日思想趋向之竟，不可回顾张皇，行必由径，反之失其正鹄[②]。西人今日自杀之多，殆均误于是道。且至理之信，不必须同他人；己所见是，即可以之为是。然万不可诪张为幻[③]。此

---

① 伍廷芳（1842—1922）：字文爵，号秩庸。广东新会人，早年留学英国。曾任清政府驻美、秘鲁、墨西哥、古巴等国公使，辛亥革命时由起义各省推为外交总代表。南京临时政府成立，任司法总长，1916年后任外交总长、代国务总理等职，后参加孙中山的护法军政府，任外交部长。

② 正鹄：目的。

③ 诪张为幻：诪张，欺诳；幻，惑乱、欺诈。指以骗术迷惑他人。《书·无逸》："民无或胥，诪张为幻。"

思想之自由也。凡物之评断力,均随其思想为定,无所谓绝对的。一己之学说,不得束傅(缚)他人;而他人之学说,亦不束傅(缚)一己。诚如是,则科学、社会学等,将均任吾人自由讨论矣。

(周恩来笔录)

(据《敬业学报》第 6 期,1917 年 6 月出版。)

11. 自由、平等、友爱之道德

——在保定育德学校的演说词*

(1918 年 1 月 5 日)

* 1918 年 1 月 5 日,作者应友人之邀赴保定,晚间在育德学校讲演。《北京大学日刊》发表此篇时题为《在育德学校演说之述意》,现在的题目为编者改拟。

鄙人耳育德学校之名，由来已久，今乘大学休假之际，得以躬莅斯地，与诸君子共语一堂，甚属快事。因贵校以育德为号，而校中又设有留法预科，乃使鄙人联想及于法人之道德观念。法自革命以后，有最显著、最普遍之三词，到处揭著，即自由、平等、友爱是也。夫是三者，是否能尽道德之全，固难遽定，然即证以中国意义，要亦不失为道德之重要纲领。

所谓自由，非放恣自便之谓，乃谓正路既定，失（矢）志弗渝，不为外界势力所征服。孟子所称“富贵不能淫，贫贱不能移，威武不能屈”者，此也。准之吾华，当曰义。所谓平等，非均齐不相系属之谓，乃谓如分而与，易地皆然，不以片面方便害大公。孔子所称“己所不欲，勿施于人”者，此也。准之吾华，当曰恕。所谓友爱，义斯无歧，即孔子所谓“己欲立而立人，己欲达而达人”。张子所称“民胞物与者”，是也。准之吾华，当曰仁。仁也、恕也、义也，均即吾中国古先哲旧所旌表[①]之人道信条，即微（征）西方之心同理同，亦当宗仰服膺者也。

是以鄙人言人事，则必以道德为根本；言道德，则又必以是三者为根本。盖人生心理，虽曰智、情、意三者平列，而语其量，则意最广，征共（其）序则意又最先。此固近代学者所已定之断案。就一人之身而考三性发达之迟早，就矿植动三物之伦而考三性包含之多寡，与夫就吾人日常之识一物、立一义而考三性应用之疾徐，皆有其不可掩者。故近世心理学，皆以意志为人生之主体，唯意志之所以不能背道德而向道德，则有赖乎知识与感情之翌（翼）助。此科学、美术所以为陶铸道德之要具，而凡百学校皆据以为编制课程之标准也。自鄙人之见，亦得以三德证成之。二五之为十，虽帝王不能易其得数，重坠之趋下，虽兵甲不能劫之反行，此科学之自由性也。利用普乎齐民，不以优于贵；立术超乎攻取，无所党私。此科学之平等性及友爱性也。若美术者，最贵自然，毋意毋必，则自由之至者矣。万象并包，不遗贫贱，则平等之至者矣。并世相师，不问籍域，又友爱之至者矣。故世之重道德者，无不有赖乎美术及科学，如车之有两轮，鸟之有两翼也。

今闻贵校学风，颇致力于勤、俭二字。勤则自身之本能大，无需于他；俭则生活之本位廉，无人不得，是含自由义。且勤者自了己

---

① 旌表：自汉以来，历代封建王朝对其议定的忠孝节义之人，通过官府立牌坊、赐匾额等方式加以表彰，称之为“旌表”。《北史·隋炀帝纪》：“义夫节妇，旌表门闾。”

事，不役人以为工；俭者自享己分，不夺人以为食，是含平等义。勤者输吾供以易天下之供，俭者省吾求以裕天下之求，实有烛于各尽所能、各取所需之真谛，而不忍有一不克致社会有一不获之夫，是含友爱义。诸君其慎毋以二字为庸为小。天下盖尽有几多之恶潮，其极也，足以倾覆邦命，荼毒生灵，而其发源，乃仅由于一二少数人自恣之心所鼓荡者。如往者筹安会[①]之已事，设其领袖俱习于勤俭，肯为寻常生活，又何至有此。然则此二字者，造端虽微，而潜力则巨。鄙人对于贵校之学风，实极端赞成矣。唯祝贵校以后法文传习日广，能赴法留学者日多，俾中国之义、恕、仁与法国之自由、平等、友爱融化，而日进于光大。是非党法，法实有特宜于国人旅学之点：旅用廉也，风习新也，前驱众也，学说之纯正，不杂以君制或宗教之匿瑕也，国民之浸淫于自由、平等、友爱者久，而鲜侮外人也，皆其著也。

（孙松龄记述）

（据《北京大学日刊》1918 年 2 月 20 日）

---

① 筹安会：袁世凯复辟帝制的御用团体。1915 年由杨度出面，联络严复、刘师培、胡瑛、孙毓筠、李燮和等组成。认为共和国体不适合中国国情；通电各省军政长官及商会派代表到京请愿，改变国体，“以筹一国之治安”，为袁世凯称帝张目。当时即受到国人的谴责。

12. 科学之修养

——在北京高等师范学校修养会上的演说词

（1919 年 4 月 24 日）

鄙人前承贵校德育部之召，曾来校演讲；今又蒙修养会见召，敢述修养与科学之关系。

查修养之目的，在使人平日有一种操练，俾临事不致措置失宜。盖吾人平日遇事，常有计较之余暇，故能反复审虑，权其利害是非之轻重而定取舍。然若至仓卒之间，事变横来，不容有审虑之余地，此时而欲使诱惑、困难不能隳[1]其操守，非于修养有素不可，此修养之所以不可缓也。

修养之道，在平日必有种种信条：无论其为宗教的或社会的，要不外使服膺[2]者储蓄一种抵抗之力，遇事即可凭之以定抉择。如心

① 隳：毁坏。《吕氏春秋·顺说》："隳人之城郭。"

② 服膺：由衷信服。《中庸》："得一善，则拳拳服膺，而弗失之矣。"朱熹注："服，犹著也；膺，胸也。奉持而著之心胸之间，言能守也。"

所欲作而禁其不作，或心所不欲而强其必行，皆依于信条之力。此种信条，无论文明、野蛮民族均有之。然信条之起，乃由数千万年习惯所养成；及行之既久，必有不适之处，则怀疑之念渐兴，而信条之效力遂失。此犹就其天然者言也。乃若古圣先贤之格言嘉训，虽属人造，要亦不外由时代经验归纳所得之公律，不能不随时代之变迁而易其内容。吾人今日所见为嘉言懿行者，在日后或成故纸；欲求其能常系人之信仰，实不可能。由是观之，则吾人之于修养，不可不研究其方法。在昔吾国哲人，如孔、孟、老、庄之属，均曾致力于修养，而宋、明儒者尤专力于此。然学者提倡虽力，卒不能使天下之人尽变为良善之士，可知修养亦无一定之必可恃者也。至于吾人居今日而言修养，则尤不能如往古道家之蛰影深山，不闻世事。盖今日社会愈进，世务愈繁。已入社会者，固不能舍此而他从；即未入社会之学校青年，亦必从事于种种学问，为将来入世之准备。其责任之繁重如是，故往往易为外务所缚，无精神休暇之余地，常易使人生观陷于悲观厌世之域，而不得志之人为尤甚。其故即在现今社会与从前不同。欲补救此弊，须使人之精神有张有弛。如作事之后，必继之以睡眠，而精神之疲劳，亦必使有机会得以修养。此种团体之结合，尤为可喜之事。但鄙人以为修养之致力，不必专限于集会之时，即在平时课业中亦可利用其修养。故特标此题曰："科学的修养。"

今即就贵会之修养法逐条说明，以证科学的修养法之可行。如贵会简章有"力行校训"一条。贵校校训为"诚勤勇爱"四字。此均可于科学中行之。如"诚"字之义，不但不欺人而已，亦必不可为他人所欺。盖受人之欺而不自知，转以此说复诏[①]他人，其害与欺人者等也。是故吾人读古人之书，其中所言苟非亲身实验证明者，不可轻信；乃至极简单之事实，如一加二为三之数，亦必以实验证明之。夫实验之用最大者，莫如科学。譬如报纸记事，臧否[②]不一，每使人茫无适从。科学则不然。真是真非，丝毫不能移易。盖一能实验，而一不能实验故也。由此观之，科学之价值即在实验。是故欲力行“诚”字，非用科学的方法不可。

其次“勤”：凡实验之事，非一次所可了。盖吾人读古人之书而不慊[③]于心，乃出之实验。然一次实验之结果，不能即断其必是，故必继之以再以三，使有数次实验之结果。如不误，则可以证古人之是否；如与古人之说相刺谬，则尤必详考其所以致误之因，而后可以下断案。凡此者反复推寻，不惮周详，可以养成勤劳之习惯。故“勤”之力行亦必依赖夫科学。

再次“勇”：勇敢之意义，固不仅限于为国捐躯、慷慨赴义之士，凡作一事，能排万难而达其目的者，皆可谓之勇。科学之事，困难最多。如古来科学家，往往因试验科学致丧其性命，如南北极及海底探险之类。又如新发明之学理，有与旧传之说不相容者，往往遭社会之迫害，如哥白尼、贾利来[④]之惨祸。可见研究学问，亦非有勇敢性质不可；而勇敢性质，即可于科学中养成之。大抵勇敢性质有二：

---

① 诏：告。

② 臧否：犹言好坏、得失。《诗・大雅・抑》：“未知臧否。”

③ 慊：满足、满意。

④ 贾利来：现译伽利略。

其一发明新理之时,排去种种之困难阻碍;其二,既发明之后,敢于持论,不惧世俗之非笑。凡此二端,均由科学所养成。

再次"爱":爱之范围有大小。在野蛮时代,仅知爱自己及与己最接近者,如家庭之类。此外稍远者,辄生嫌忌之心。故食人之举,往往有焉。其后人智稍进,爱之范围渐扩,然犹不能举人我之见而悉除之。如今日欧洲大战,无论协约方面或德奥方面,均是己非人,互相仇视,欲求其爱之普及甚难。独至于学术方面则不然:一视同仁,无分畛域;平日虽属敌国,及至论学之时,苟所言中理,无有不降心相从者。可知学术之域内,其爱最博。又人类嫉妒之心最盛,入主出奴,互为门户。然此亦仅限于文学耳;若科学,则均由实验及推理所得唯一真理,不容以私见变易一切。是故嫉妒之技无所施,而爱心容易养成焉。

以上所述,仅就力行校训一条引申其义。再阅简章,有静坐一项。此法本自道家传来。佛氏之坐禅,亦属此类。然历年既久,卒未普及社会;至今日日本之提倡此道者,纯以科学之理解释之。吾国如蒋竹庄[①]先生亦然,所以信从者多,不移时而遍于各地。此亦修养之有赖于科学者也。

又如不饮酒、不吸烟二项,亦非得科学之助力不易使人服行。盖烟酒之嗜好,本由人无正当之娱乐,不得已用之以为消遣之具,积久遂成痼疾。至今日科学发达,娱乐之具日多,自不事此无益之消

---

① 蒋竹庄:即蒋维乔(1873—1958),江苏武进人。早年肄业于南菁书院。研究文、史、哲,尤精气功养生之学,曾任东南大学校长。1950年后任上海文史研究馆副馆长。

遗。如科学之问题，往往使人兴味加增，故不感疲劳而烟酒自无用矣。

今日所述，仅感想所及，约略陈之。唯宜注意者，鄙人非谓学生于正课科学之外，不必有特别之修养，不过正课之中，亦不妨兼事修养，俾修养之功，随时随地均能用力，久久纯熟，则遇事自不致措置失宜矣。

（据《北京大学日刊》1919 年 4 月 24 日）

13. 义务与权利

——在苏州中学的演说词(要点)

(1931 年 10 月)

人生之目的，为尽义务而来。每人必有一定职务，必做一番事业，此谓之职业。而职业无高、低、贵、贱之差，要求其适耳。如目之司视，耳之司听，亦唯各得其适，初无高、低、贵、贱之足言。人体之生理然，社会之职业，何独不然。唯人生既为尽义务而来，则其自身之生计，亦宜使其安定，即食、衣、住、行之所需，必予以维持，于是始有权利。权利因义务而来，非因权利而尽义务。犹之机器，因工作而燃煤，岂得谓因欲燃煤而工作乎？其理甚明。今之人误解职业，以得权利为唯一之目的，实则不然。重在义务，不仅有益自身，且须有益于人群，始不辜负此人生。否则卖烟设赌，亦是职业，窃盗劫掠，俱可获利，争夺扰攘，将成何等世界！我故曰：权利不过服务之资耳，非可为主也。至于求学时代之青年，对于将来之职业，则须考量自己之性情才识，择定目标，努力准备，庶他日治事，事无不成；执业，业无不精……愿与在座诸君共勉焉。

（据陇西约翰编《蔡元培言行录》）

14. 文化运动不要忘了美育

(1919年12月1日)

现在文化运动，已经由欧美各国传到中国了。解放呵！创造呵！新思潮呵！新生活呵！在各种周报上，已经数见不鲜了。但文化不是简单的，是复杂的；运动不是空谈，是要实行的。要透彻复杂的真相，应研究科学。要鼓励实行的机会，应利用美术。科学的教育，在中国可算有萌芽了。美术的教育，除了小学校中机械性的音乐、图画以外，简直可说是没有。

不是用美术的教育，提起一种超越利害的兴趣，融合一种划分人我的偏见，保持一种永久平和的心境；单单凭那个性的冲动、环境的刺激，投入文化运动的潮流，恐不免有下列三种的流弊：(一)看得很明白，责备他人也很周密，但是到了自己实行的机会，给小小的利害绊住，不能不牺牲主义。(二)借了很好的主义作护身符，放纵卑劣的欲望；到劣迹败露了，叫反对党把他的污点，影射到神圣主义上,增加了发展的阻力。(三)想用简单的方法、短少的时间,达他的极端的主义;经了几次挫折,就觉得没有希望,发起厌世观,甚至自杀。这三种流弊,不是渐渐发现了么?一般自号觉醒的人,还能不注意么?

文化进步的国民,既然实施科学教育,尤要普及美术教育。专门练习的,既有美术学校、音乐学校、美术工艺学校……

(据《晨报副镌》1919 年 12 月 1 日)

15. 我的新生活观

（1920 年 10 月）

什么叫旧生活？是枯燥的，是退化的。什么叫新生活？是丰富的，是进步的。旧生活的人，是一部分不作工，又不求学的，终日把吃喝嫖赌做消遣。物质上一点也没有生产，精神上也一点没有长进。又一部分是整日做苦工，没有机会求学，身体上疲乏得了不得，所做的工是事倍功半，精神上得过且过，岂不全是枯燥的么？不做工的人，体力是逐渐衰退了；不求学的人，心力又逐渐委靡了。一代传一代，更衰退，更萎靡，岂不全是退化么？新生活是每一个人，每日有一定的工作，又有一定的时候求学，所以制品日日增加。还不是丰富的么？工是愈练愈熟的，熟了出产必能加多；而且“熟能生巧”，就能增出新工作来。学是有一部分讲现在作工的道理，懂了这个道理，工作必能改良。又有一部分讲别种工作的道理，懂了那种道理，又可以改良别种的工；从简单的工改到复杂的工，从容易的工改到繁难的工。从出产较少的工改到出产较多的工。而且有一种学问,虽然与工作没有直接的关系,但是学了以后,眼光一日一日地远大起来,心也一日一日地平和起来,生活上无形中增进许多幸福。这还不是进步吗?要是有一个人肯日日做工,日日求学,便是一个新生活的人;有一个团体里的人,都是日日做工,日日求学,是一个新生活的团体;全世界的人都是日日做工,日日求学,那就是新生活的世界了。

(据北京大学新潮社编印《蔡孑民先生言行录》)

16. 学生的优势与责任

——与新加坡南洋华侨中学学生的谈话*

（1920 年 12 月 5 日）

---

* 原题《蔡元培先生莅校时的谈话》。作者清晨到达新加坡，即与侨商会晤，下午 1 时与华侨中学学生进行了十分钟谈话，随后即到道南中学，出席端蒙、启发、道南、南洋华侨四所中学的欢迎会，发表演说。下午 4 时即登舟西行赴英国。

人人都爱护学生，敬重学生，然而为什么学生被人此样的爱戴、敬重，而别类人不能呢？因为学生是青年，别人是老年。青年旭日东升，老年暮气沉沉。青年染社会的恶习惯很少，老年人满身都是恶习惯。老年人暮气沉沉，所以觉得事事督（都）不能为，人家也因之怨怒深恨。青年人旭日初升，又没有染着社会恶习惯，身心洁白，觉得事事都可以有为，所以人家因之而爱戴、敬重。诸位是青年学生，就要保存这点好处，而况诸位是南洋青年学生的中心点。哪样叫做中心点呢？就是责任最重大，人人都要拿你来做模范，做中心归宿点。你好，人家也跟你来做好；你坏，人家也跟你去做坏。你一举一动，都与社会的好坏有莫大的关系。比方南京学校的中心点，就是高等师范；北京学校的中心点，就是北京大学；而南洋学校的中心点，自然是南洋华侨中学。诸位既是中心点的学生，就要时时刻刻注意怎么样才能够做人家的中心点。去其所以不能做中心点的，就其所以能做中心点的，这就是元培所希望咧。

（周汉光记）

（据《北京大学日刊》第780号1921年1月7日）

17. 普通教育和职业教育*

——在新加坡南洋华侨中学等校欢迎会上的演说词

(1920 年 12 月 5 日)

* 1920 年 12 月 5 日，作者赴欧美考察教育途经新加坡时，岛上"南洋华侨中学、道南学校、端蒙学校、启发中学等四校开欢迎会"。作者发表此篇演说。演讲词曾刊于《星嘉坡南洋华侨中学校周刊》(1920 年 12 月 11 日)，《北京大学日刊》全文转载。

兄弟已经几次到过新加坡了，今天得有机会，和诸位共话一堂，实在荣幸得很！只是今天没有什么预备，所以不能有多少贡献，还望诸君原谅。

在座诸君，大半是学界中人，因此可知这里的学校多了。我今天就把普通教育和职业教育说一说。刚才从中学校来，知道中学内有商科一班，这却是职业教育的性质，不在普通小学校或中学校的普通教育范围以内。

普通教育和职业教育，显有分别：职业教育好像一所房屋，内分教室、寝室等，有个别的用处；普通教育则像一所房屋的地基，有了地基，便可把楼台亭阁等建筑起来。故职业教育所注重的，是专门的技能或知识，有时研究到极精微处，也许有和日常生活绝不相干的情形。例如研究卫生的，查考起微生虫来，分门别类，精益求精，有一切另外的事都完全不管的态度。这是从事专门学问的特异点。

可是我们要起盖房子时，必得先求地基坚实，若起初不留意，等到高屋将成，才发现地基不稳，才想设法补救，已经来不及了。我刚才讲过普通教育好像房屋的地基一样，所以教育者和被教育者，都要特别注意才是。现今欧美各大学中的课程，非常严重，对于各种基本的知识，差不多不很注意了。为什么呢？因为学生在中小学的时代，早已受了很重的训练，把高深学术的基础筑固了，入大学时自然不觉得困难。若在中小学内，并没有建筑好基础，等到自悟不够时，再要补习起来，那就很不容易了。

因此前年我国审查教育会，把普通教育的宗旨，定为：（一）养成健全的人格，（二）发展共和的精神。

所谓健全的人格，内分四育，即：（一）体育，（二）智育，（三）德育，（四）美育。

这四育是一样重要，不可放松一项的。先讲体育，在西洋有一句成语，叫做健全的精神，宿于健全的身体。足见体育的不可轻忽。不过体育是要发达学生的身体，振作学生的精神，并不是只在赌赛跑跳或开运动会博得名誉体面上头，其所以要比赛或开运动会，只是要引起研究体育的兴味；因恐平时提不起锻炼身体的精神，故不妨常和人家较量较量。我们比不过人家时，便要在平常用功了。其实体育最要紧的，是合于生理。若只求个人的胜利，或一校的名誉，不管生理上有无危险，这不要说于身体上有妨害，且成一种机械的作用，便失却体育的价值了。而且只骛虚名，在心理上亦易受到恶影响。因为常常争赛的结果,可使学生的虚荣心旺盛起来;出去服务社会,一切举动,便也脱不了虚荣心的气味,这是贻害社会不浅的。不过开运动会和竞技等,在平时操练有些呆板乏味时,偶然举行一下,倒很可能调剂机械作用。因变化常态而添出兴趣,是很好的,只要在心理上使学生彻底明白体育的目的,是为锻炼自己的身体,不是在比赛争胜上,要使他们望正鹄做去。

次讲智育,案我们教书,并不是像注水入瓶一样,注满了就算完事。最要是引起学生读书的兴味。做教员的,不可一句一句,或一字一字的,都讲给学生听。最好使学生自己去研究,教员竟不讲也可以,等到学生实在不能用自己的力量了解功课时,才去帮助他。至于常用口头的讲授,或恐有失落系统的毛病,故定出些书本来,而定书本也要看学生的程度,高下适宜才对。做学生的,也不是天天到校把教科书熟读了,就算完事,要知道书本是不过给我一个例子,我要从具体的东西内抽出公例来,好应用到别处去。譬如从书上学到菊花,看见梅花时,便知也是一种植物;从书上学得道南学校,看见端蒙学校,便也知道是什么处所;若果能像这样的应用,就是不能读熟书本,也可说书上的东西都学得了。

再现在各学校内,每把学生分为班次,要知这是不得已的办法,缘学生的个性不同:有的近文学,有的喜算术等;所以各人于各科进步的快慢,也不能一致,但因经济方面,或其他的关系,一时竟没法子想。然亦总须活用为妙。即有特别的天才的,总宜施以特别的教练。在学生方面,也要自省,我于那几科觉得很困难的,须格外用功些，那几科觉得特别喜欢的，也不妨多学些。总之，教授求学，两不可呆板便了。

至于德育，并不是照前人预定的格言做去就算数。有些人心目中，以为孔子[1]或孟子[2]所讲的总是不差，照他们圣人的话实行去，便是有道德了；其实这种见解，是不对的。什么叫道德，并不是由前人已造成的路走去的意义，乃是在不论何时何地照此做法，大家都能适宜的一种举措标准。是以万事的条件不同，原理则一。譬如人不可只爱自己，于是有些人讲要爱家，这便偏于家庭；或有些人提倡爱群，又偏于群的方面了。可是他的原理，只是爱人一语罢了。故我们要一方考察现时的风俗情形，一方推求出旧道德所以酿成的缘故，拿来比较一下。若是某种旧道德成立的缘故，现在已经没有了，也不妨把它改去，不必去死守它。我此刻在中学校看见办有图书馆、童子军等，这些事物，于许多人很适宜，于四周办事人亦无妨害，这便不是不道德。总之，道德不是记熟几句格言，就可以了事的，要重在实行。随时随地，抱着试验的态度，因为天下没有一劳永逸的事情，若说今天这样，便可永远这样，这是大误。要随时随地，看事势的情形，而改变举措的标准。去批评人家时，也要考察他人所处的环境怎样而下断语才是。

第四，美育，从前将美育包在德育里的，为什么审查教育会要把它分出来呢？因为晚近人士，太把美育忽略了，按我国古时的礼乐

---

① 孔子：旧时被尊为“圣人”。

② 孟子：旧时被视为“亚圣”。

二艺[①]，有严肃优美的好处。西洋教育，亦很注意美感的。为要特别警醒社会起见，所以把美育特提出来，与体智德并为四育。

美育之在普通学校内，为图工音乐等课。可是亦须活用，不可成为机械的作用。从前写字的，往往描摹古人的法帖，一点一划，依样葫芦，还要说这是赵字[②]哪，这是柳字[③]哪，其实已经失却生气，和机器差不多，美在哪里？

图画也是如此，从前学子，往往临摹范本，圆的圆，三角的三角，丝毫不变，这亦不可算美。现在新加坡的天气很好，故到处有自然的美，要找美育的材料，很容易。最好叫学生以己意取材，喜图画的，教他图画；喜雕刻的，就教他雕刻；引起他美的兴趣。不然，学生喜欢的不教，不喜欢的硬叫他去做，要求进步，很难说的。像儿童本喜自由游戏，有些人却去教他们很繁难的舞蹈，儿童本喜自由嬉唱，现在的学校内，却多照日本式用"1、2、3、4、5、6、7"等，填了谱，不管有无意义，教儿童去唱。这样完全和儿童的天真天籁相反。还有看见西洋教音乐，要用风琴的，于是也就买起风琴来，叫小孩子和着唱。实则我们中国，也有箫笛等简单的乐器，何尝不可用？必要事事模仿人家，终不免带着机械性质，于美育上，就不可算是真美。

---

① 礼乐二艺：礼，《礼记》，也称《小戴记》或《小戴礼记》。儒家经典之一，相传由西汉戴圣编纂，为秦、汉以前各种礼仪论著的选集。乐，《乐记》，《礼记》篇名，中国较早的音乐论著，相传为公孙尼子所作，主要阐述音乐的本原、音乐的美感、音乐的社会作用、乐和礼的关系等。艺，此处指典籍。

② 赵字：赵，指赵孟頫(1254—1322)，字子昂，号松雪道人，浙江湖州(今浙江湖州)人。宋代书画大家，书法工行楷，画法精山水。其字世称"赵体字"。

③ 柳字：柳，指柳公权(778—865)，字诚悬，京兆华原(今陕西耀州)人。唐代书法家，官至太子太师。其字世称"柳体字"。

以上四育，都宜时时试验演进，要一无偏枯，才可教练得儿童有健全的人格。

学校教育注重学生健全的人格，故处处要使学生自动。通常学校的教习，每说我要学生圆就圆，要学生方就方，这便大误。最好使学生自学，教者不宜硬以自己的意思，压到学生身上。不过看各人的个性，去帮助他们作业罢了。但寻常一级的学生，总有二十人左右。一位教员，断不能知道个个学生的个性，所以在学生方面，也应自觉，教我的先生，既不能很知道我，最知我的，便是我自己了。如此，则一切均须自助才好。大概受毕普通教育，至少要获得地平线以上的人格，使四育平均发展。

又我们人类，本是进化的动物，对于现状常觉不满足的。故这里有了小学，渐觉中学的不可少，办了普通教育，又觉职业教育的不可少了。南洋是富于实业的地方，我们华侨初到这里的，大多数从工事入手以创造家业。不过发大财成大功的，都从商务上得来。商业在南洋，的确很当注意的，这里的中学，就应社会的需要，而先办商科。然若进一步去研究，商业的发达，必借原料的充裕，那原料，又怎样能充裕呢？不消说，全在农业的精进了。农业更须种种的农具，要求器械的供给，又宜先开矿才行，这又侧重到工艺上头。按我国制造的幼稚，实在不容不从速补救。开了铁矿自己不会炼钢，却将原料卖给别国，岂不可惜？若精了制造术，便不怕原料的一时跌价，因为我们能自己制造应用品出售，也可不吃大亏啦。

照现在的社会看来，商务的发达，可算到极点了，以后能否保持现状,或更有所进步,这都不能有把握。万一退步起来,那么,急需从根本上补救。像研究农业和开工厂等,都足为经商的后盾,使商务的基础,十分稳固,便不愁不能发展。故学生中有天性近农近工的,不妨分头去研究,切不可都走一条路。

农商工的应用,我们都知道了。但在西洋,这三项都极猛进。而我国自古以农立国,工业一途,亦发达极早。何以到了今日都远不如他们呢?这便因他们有科学的缘故。一个小孩子知识未足时,往往不知事物的源本。所以若去问小孩子,饭是从那里来的?他便说“从饭桶里来的”。聪明些的,或能说“从锅子里来的”。都不能说从田里来的。我国的农夫,不能使用新法,且连一亩田能出多少米,养活多少人,都不能计算出来,这岂不是和小孩子差不多么?故现在的学生,对于某种科学有特别的兴味的,大可去专门研究。即如性喜音乐的,将来执业于社会,能调养他人的精神,提高社会的文化,也尽有价值,尽早自立。做教师的,不妨去鼓舞他们,使有成功。总之,受毕普通教育,还要力图上进,不可苟安现状。若愁新洲没有专门学校,那可设法回国,或出洋去。

我最后还有几句关于女学校的话要说:这里的学校,固已不少,但可惜还没有女子中学。刚才在中学时,涂先生也曾提及这一层。我想男女都可教育的,况照现在的世界看来,凡男子所能做的,女子也都能做。不过我国男女的界限素严,今年内地各校要试办男女合校时,有许多人反对。若果真大众都以为非分校不可,那就另办一所女子中学也行。若经济问题上,不能另办时,我看也可男女合校的。在美国的学校,大都男女兼收,虽有几校例外,也是历来习惯所致。在欧洲还有把一校划分男女二部的,这也是一种方法。总之,天下无一定不变的程式,只有原理是不差的。我们且把胆子放大了,试试男女合校也好。若家庭中父兄有所怀疑时,就可另办一所女子中学,或把男子中学划分二部,或把讲堂上男女座位分开,便极易办到了。这女子中学一事,只要父兄与学生两方面,多数要求起来,我想一定可以实现的。我今日所说的,就是这些了。

(陈安仁、夏应佛笔记)

(据《北京大学日刊》1921 年 1 月 7 日)

18. 对于学生的希望*

（1921 年 2 月 25 日）

---

* 此篇为作者在湖南的第七次讲演。

我于贵省[1]学生界情形不甚熟悉,我所知者为北京学生界情形,各地想也大同小异。今天到此和诸君说话,便以所知之情形,加以推想,贡献诸君。

"五四运动"以来,全国学生界空气为之一变。许多新现象、新觉悟,都于"五四"以后发生,举其大者,共得四端。

自己尊重自己

吾国办学二十年,犹是从前的科举[2]思想,熬上几个年头,得到文凭一纸,实是从前学生的普通目的。自己的成绩好不好,毕业后中用不中用,一概不问。平日荒嬉既多,一临考试,或抄袭课本,或

① 贵省:指湖南省。

② 科举:隋代以后各封建王朝设科考试,选拔官吏,以分科取士,为"科举"。

打听题目,或请划范围,目的只图敷衍,骗到一张证书而已,全不打算自己要做一个什么样人,自己和人类社会有何关系。“五四”以前之学生情形,恐怕有大多数是这样的。

“五四”以后不同了。原来“五四运动”也是社会的各方面酝酿出来的。政治太腐败,社会太龌龊,学生天良未泯,便忍耐不住了。蓄之已久,迸发一朝,于是乎有“五四运动”。从前的社会很看不起学生,自有此运动,社会便重视学生了。学生亦顿然了解自己的责任,知道自己在人类社会占何种位置,因而觉得自身应该尊重,于现在及将来应如何打算,一变前此荒嬉暴弃的习惯,而发生一种向前进取、开拓自己运命的心。

化孤独为共同

“各人自扫门前雪,不管他人瓦上霜”,是中国古人的座右铭,也就是从前学生界的座右铭。从前的好学生,于自己以外,大半是一概不管,纯守一种独善其身的主义。“五四运动”而后,自己与社会发生了交涉,同学彼此间也常须互助,知道单是自己好,单是自己有学问有思想不行,如想做事真要成功,目的真要达到,非将学问思想推及于自己以外的人不可。于是同志之联络,平民之讲演,社会各方面之诱掖指导,均为最切要的事,化孤独的生活为共同的生活,实是“五四”以后学生界的一个新觉悟。

对自己学问能力的切实了解

从前学生,对于自己的学问有用无用,自己的能力哪处是长、哪处是短,简直不甚了解,不及自觉。“五四”以后,自己经过了种种困难,于组织上、协同上、应付上,以自己的学问和能力向新旧社会做了一番试验,顿然觉悟到自己学问不够,能力有限。于是一改从前滞钝昏沉的习惯,变为随时留心、遇事注意的习惯了,家庭啦,社会啦,国家啦,世界啦,都变为充实自己学问、发展自己能力的材料。这种新觉悟,也是“五四”以后才有的。

有计划的运动

从前的学生,大半是没有主义的,也没有什么运动。“五四”以后,又经过各种失败,乃知集合多数人做事,是很不容易的,如何才可以不至失败,如何才可以得到各方面的同情,如何组织,如何计划,均非事先筹度不行。又知群众运动在某种时候虽属必要,但决不可轻动,不合时机,不经组织,没有计划的运动,必然做不成功。这种觉悟,也是到“五四”以后才有的。于此分五端的进行:

一、自动的求学。在学校不能单靠教科书和教习,讲堂功课固然要紧,自动自习,随时注意自己发见求学的门径和学问的兴趣,更为要紧。

二、自己管理自己的行为。学生对于社会,已经处于指导的地位。故自己的行为,必应好生管理。有些学生不喜教职员管理,自己却一意放纵,做出种种坏行。我意不要人家管理,能够自治,是好的。不要管理,自便放纵,是不好的。管理规则、教室规则等,可以不要,但要能够自守秩序。总要办到不要规则而其收效仍如有规则时或且过之才好，平民主义不是不守秩序，罗素[①]是主张自由最力的人，也说自由与秩序并不相妨。我意最好由学生自定规则，自己遵守。

三、平等及劳动观念。朋友某君和我说："学生倡言要与教职员平等，但其使令工役，横眼厉色，又俨然以主人自居，以奴隶待人。"我友之言，系指从前的学生，我意学生先要与工役及其他知识低于自己的人讲求平等，然后遇教职员之以不平等待己者，可以不答应他。近人盛倡勤工俭学，主张一边读书，一边做工。我意校中工作，可以学生自为。终日读书，于卫生上也有妨碍。凡吃饭不做事专门暴殄天物的人，是吾们所最反对的。脱尔斯太[②]主张泛劳动主义[③]。他自制衣履，自作农工，反对太严格的分工，吾愿学生于此加以注意。

四、注意美的享乐。近来学生多有为麻雀[④]、扑克或阅恶劣小说等不正当之消遣，此固原因于其人之不悦学，尤以社会及学校无正当之消遣，为主要原因。甚有生趣索然，意兴无聊，因而自杀者。所以吾人急应提倡美育，使人生美化，使人的性灵寄托于美，而将忧患忘却。于学校中可实现者，如音乐、图画、旅行、游戏、演剧等，均可去做，以之代替不好的消遣。但切不要拘泥，只随人意兴所到，适

---

① 罗素：英国哲学家。见本书《北京大学第二十三年开学日演说词》注①。

② 脱尔斯太：现译列夫·托尔斯泰(1828—1910)，俄国作家，出身贵族。代表作品《战争与和平》《安娜·卡列尼娜》《复活》等。

③ 泛劳动主义：列夫·托尔斯泰的主张，在理想的劳动国度里，每个人半日劳动，半日休息与娱乐，人人都是劳动者，使人类身心健康，疾病绝迹。

④ 麻雀：麻雀牌，俗称麻将牌，娱乐用具，也是一种赌具。

情便可。如音乐一项，笛子、胡琴都可。大家看看文学书，唱唱诗歌，也可以悦性怡情。单独没有兴会，总要有几个人以上共同享乐，学校中要常有此种娱乐的组织。有此种组织，感情可以调和，同学间不好的意见和争执，也要少些了。人是感情的动物，感情要好好涵养之，使活泼而得生趣。

五、社会服务。社会一般的知识程度不进，各种事业的设施，均感痛苦。“五四”以来，学生多组织平民学校，教失学的人以普通知识及职业，是一件极好的事。吾见北京每一校有二三百人者，有千人者，甚可乐观。国家办教育，人才与财力均难，平民学校不费特别的人才与财力，而可大收教育之效，故是一件很好的事。又有平民讲演，用讲演的形式与平民以知识，也是一件好事。又调查社会情形，甚为要紧。吾国没有统计，以致诸事无从根据计划，要讲平民主义，要有真正的群众运动，宜从各种细小的调查做起。此次北方旱灾，受饥之民，至三千多万。赈灾筹款，须求引起各方的同情，北京学生联合会乃思得一法，即调查各地灾状，用文字或照片描绘各种灾情，发表出来，借以引起同情。吾出京时，正值学生分组出发，十人一组。即此一宗，可见调查之关系重要。

我以上所讲，是普通的。最后对于湖南学生诸君，尚有二事，须特别说一说：

一、学生参与教务会议问题。吾在京时，即听见人说湖南学生希望甚高，要求亦甚大，有欲参与学校教务会议之事。吾于学生自治，甚表赞同，唯参与教务会议，以为未可，其故因学校教职员对于校务是负专责的，是时时接洽的。若参入不接洽又不负责任的学生，必不免纷扰。北大学生也曾要求加入评议会，后告以难于办到的理由，他们亦遂中止了。

二、废止考试问题。湖南学生有反对试验之事。吾亦觉得试验有好多坏处。吾友汤尔和[①]先生曾有文详论此事，主张废考，北大高师学生运动废考甚力。吾对北大办法，则以要不要证书为准，不要证书者废止试验，要证书者仍须试验。

吾意学生对于教职员，不宜求全责备，只要教职员系诚心为学生好，学生总宜原谅他们。现在是青黄不接时代，很难得品学兼备的人才呵。吾只希望学生能有各方面的了解和觉悟，事事为有意识地有计划地进行，就好极了。

（据《北京大学日刊》1921年2月25日）

---

① 汤尔和（1878—1940）：原名鼐，字调鼎，又字尔和，浙江杭州人。早年留学日本。回国后任浙江高等学堂校医。1912年，筹办北京医学专门学校，后任校长。1926年后任顾维钧内阁内务部总长、财政部总长等。1937年以后任伪国民政府委员、教育总长、华北政务委员会常务委员等。译著有《组织学》《生物学精义》《精神病学》《寄生虫病学》《满铁外交论》等。

19. 关于宗教问题的谈话*

（1921 年 8 月 1 日）

* 这是《少年中国》杂志社周太玄访问作者时所作的记录。他在这篇谈话前面写有："我因为宗教问题，特访蔡先生谈话。现在将谈话的结果记在下面。周太玄记。"

将来的人类，当然没有拘牵仪式、倚赖鬼神的宗教。替代它的，当为哲学上各种主义的信仰。这种哲学主义的信仰，乃完全自由，因人不同，随时进化，必定是多数的对立，不像过去和现在的只为数大宗教所垄断，所以宗教只是人类进程中间一时的产物，并没有永存的本性。

中国自来在历史上便与宗教没有甚么深切的关系，也未尝感非有宗教不可的必要。将来的中国，当然是向新的和完美的方面进行，各人有一种哲学主义的信仰。在这个时候，与宗教的关系，当然更是薄弱，或竟至无宗教的存在。所以将来的中国，也是同将来的人类一样，是没有宗教存在的余地的。

少年中国学会是一种创造新中国的学术团体。在这个过渡时期，对于宗教，似乎不能不有此一种规定，亦如十余年前法国的 Mission naique 一样的要经过一番无宗教的运动才有今日。

我个人对于宗教的意见，曾于十年前出版的《哲学要领》中详细说过，至今我的见解，还是未尝变更，始终认为宗教上的信仰，必为哲学主义所替代。

有人以为宗教具有与美术、文学相同的慰情作用，对于困苦的人生，不无存在的价值。其实这种说法，反足以证实文学、美术之可以替代宗教，及宗教之不能不日就衰亡。因为美术、文学乃人为的慰藉，随时代思潮而进化，并且种类杂多，可任人自由选择。其亲切活泼，实在远过于宗教之执着而强制。至有因美术、文学多采用宗教上的材料，因而疑宗教是不可废的，不知这是历史上一时的现象。因为当在宗教极盛的时候，无往而非宗教，美术、文学，自然也不免取材于此。不特是美术、文学，就是后来与宗教为敌的科学，在西洋中古时代，又何尝不隶属于基督教？彼此的关系，又何尝不深？自文艺中兴时代，用时代的人物及风俗写宗教的事迹，宗教的兴味，已渐渐薄弱。后来采取历史风俗的材料渐多，大多数文学、美术与宗教毫无关系，而且反对宗教之作品，亦日出不穷，其慰藉吾人之作用，仍然存在。因此知道文学、美术与宗教的关系，也将如科学一样，与宗教无关，或竟代去宗教。我曾主张“美育代宗教”便是此意。

（周太玄记）

（据《少年中国》第3卷第1期，1921年8月1日出版。）

20. 劝北大学生尊重教师布告*

（1921年12月7日）

---

* 原题《校长布告》。

自本学年开课以后，时闻学生诸君，研究学问之兴趣，较前发展，正在忻幸之中。近日乃闻有少数学生，在讲堂或实验室中，对于教员讲授与指导方法，偶与旧习惯不同，不能平心静气，徐图了解，辄悻悻然形于辞色，顿失学者态度。其间一二不肖者，甚至为鄙悖之匿名书信、匿名揭帖，以重伤教员之感情。以大学学生而有此等外乎情理之举动，诚吾人所大惑不解者也。

世界学术进步，教授方法，日新月异，本校虽未能于短时期间大事更张，要亦决无故步自封之理。诸君须知教员采用新法，正为诸君容易进步起见，诸君方应欢迎之不遑，又何疑焉？即或诸君中有因方言之隔阂，程度之不及，一时稍感困难，因滋疑惑，亦当于授课之暇，本敬爱之诚，质疑问难，岂宜顺一时冲激，有自损人格之举动耶？

为教员者虽抱有满腔循循善诱之热诚，然岂能牺牲其人格自尊之观念。万一因少数者不慎之举动，而激其不屑教诲之感想，则诸君之损失何如？本校之损失何如？返之于诸君自爱及好学之本心，与爱护母校而冀其日日发达之初志，安耶否耶？

行道之人，偶迷方向，执途人而询之，必致谢词。欧美各国，入肆购物，彼以物来，此以钱往，必互道谢。为教员者，牺牲其研究学术之时间与心力，而教授诸君，指导诸君，所以裨益诸君者，较诸指途、售物，奚啻百倍？诸君宁无感谢之本意，而忍伤其感情耶？诸君学成以后，难保无躬任教员之一日，设身处地，能不爽然？

深望自此以后，诸君对于教员，益益亲爱，益益诚恳，全体同学中，不再发现有不合情理之举动。无则加勉，有则改之，愿诸君各以自检，并于同学间互相劝告焉。

（据《北京大学日刊》1921 年 12 月 7 日）

21. 美育实施的方法*

（1922 年 6 月）

* 本文是作者应李石岑之请所撰，刊于《教育杂志》第 14 卷第 6 号。

我国初办新式教育的时候，只提出体育、智育、德育三条件，称为三育。十年来，渐渐地提到美育，现在教育界已经公认了。李石岑[①]先生要求我说说“美育实施的方法”，我把我个人的意见写在下面。

照现在教育状况，可分为三个范围：(一) 家庭教育；(二) 学校教育；(三) 社会教育。我们所说的美育，当然也有这三方面。

我们要作彻底的教育，就要着眼最早的一步。虽不能溢出范围，推到优生学，但至少也要从胎教起点。我从不信家庭有完美教育的可能性，照我的理想，要从公立的胎教院与育婴院着手。

---

① 李石岑(1892—1934)：原名邦番，字石岑，湖南醴陵人。早年赴日留学，回国后在上海商务印书馆任编辑，与周予同主编《教育》杂志。1928年赴德、法研究哲学。回国后，任中国公学、暨南大学、大夏大学等校教授。著有《李石岑论文集》《李石岑讲演集》《人生哲学》《哲学概论》《西洋哲学史》等。

公立胎教院是给孕妇住的，要设在风景佳胜的地方，不为都市中混浊的空气、纷扰的习惯所沾染。建筑的形式要匀称，要玲珑，用本地旧派，略参希腊或文艺中兴时代的气味。凡埃及的高压式[①]，峨特的偏激派[②]，都要避去。四面都是庭园，有广场，可以散步，可以作轻便的运动，可以赏月观星。园中杂莳花木，使四时均有雅丽之花叶，可以悦目。选毛羽秀丽、鸣声谐雅的动物，散布花木中间；须避去用索系猴、用笼装鸟的习惯。引水成泉，勿作激流。汇水成池，蓄美观活泼的鱼。室内糊壁的纸、铺地的毡，都要选恬静的颜色、疏秀的花纹。应用与陈列的器具，要轻便雅致，不取笨重或过于琐巧的。一室中要自成系统，不可混乱。陈列雕刻、图画，都取优美一派；应有健全体格的裸体像与裸体画。凡有粗犷、猥亵、悲惨、怪诞等品，即使描写个性，大有价值，这里都不好加入。过度激刺的色彩，也要避去。备阅览的文字，要乐观的，和平的；凡是描写社会黑暗方面、个人神经异常的，要避去。每日可有音乐，选取的标准，与图画一样，激刺太甚的，卑靡的，都不取。总之，各种要孕妇完全在平和活泼的空气里面，才没有不好的影响传到胎儿。这是胎儿的

---

① 埃及的高压式：埃及的建筑，最有特色的是巨型陵墓——金字塔，以及带有密集排列的体积巨大的圆柱的庙宇。前者如吉萨的金字塔群体中的希奥普斯金字塔，高达 150 米；后者如卡尔纳克的太阳神圆柱，高达 20.4 米，直径 3.4 米。这种巨型的建筑，显示气势非凡，象征着威严和不可动摇。

② 峨特的偏激派：峨特，现作哥特，欧洲的主要建筑形式的一种。这种建筑的特点，广泛地运用线条轻快的尖拱券、造型挺秀的小尖塔、轻盈通透的飞柱壁、修长的立柱或簇柱，以及彩色玻璃镶嵌的花窗，造成一种向上升华、天国变化莫测的神秘幻觉。原为欧洲文艺复兴时期纪念性建筑物，但有些建筑师试图在此基础上恢复古希腊、罗马古典建筑的原则和形式。

美育。

孕妇产儿以后，就迁到公共育婴院，第一年是母亲自己抚养的；第二、三年，如母亲要去担任她的专业，就可把婴儿交给保姆。育婴院的建筑，与胎教院大略相同，或可联合一处。其中陈列的雕刻图画，可多选裸体的康健儿童，备种种动静的姿势；隔几日，可更换一套。音乐，选简单静细的。院内成人的言语与动作，都要有适当的音调态度，可以作儿童的模范。就是衣饰，也要有一种优美的表示。

在这些公立机关未成立以前，若能在家庭里面，按照上列的条件小心布置，也可承认为家庭美育。

儿童满了三岁，要进幼稚园了。幼稚园是家庭教育与学校教育的过渡机关，那时候儿童的美感，不但被动地领受，并且自动地表示了。舞蹈、唱歌、手工，都是美育的专课。就是教他计算、说话，也要从排列上、音调上迎合他们的美感，不可用枯燥的算法与语法。

儿童满了六岁，就进小学校，此后十一二年，都是普通教育时期，专属美育的课程，是音乐、图画、运动、文学等。到中学时代，他们自主力渐强，表现个性的冲动渐渐发展，选取的文字、美术，可以复杂一点。悲壮、滑稽的著作，都可应用了。

但是美育的范围，并不限于这几个科目，凡是学校所有的课程，都没有与美育无关的。例如数学，仿佛是枯燥不过的了；但是美术上的比例、节奏，全是数的关系，截金术[1]是最显的一例。数学的游戏，可以引起滑稽的美感。几何的形式，是图案术所应用的。理化学似乎机械性了；但是声学与音乐，光学与色彩，密切得很。雄强的美，全是力的表示。美学中有"感情移入"论[2]，把美术品形式都用力来说明他。文学、音乐、图画，都有冷热的异感，可以从热学上引起联想。磁电的吸拒，就是人的爱憎。有许多美术工艺，是用电力制成的。化学实验，常见美丽的光焰；元子、电子的排列法，可以助图案的变化。图画所用的颜料，有许多是化学品。星月的光辉，在天文学上不过映照距离的关系，在文学、图画上便有绝大的魔力。矿物的结晶、闪光与显色，在科学上不过自然的结果，在装饰品便作重要的材料。植物的花叶，在科学上不过生殖与呼吸机关，或供分类的便利；动物的毛羽与声音，在科学上作为保护生命的作用，或雌雄淘汰的结果，在美术、文学上都为美观的材料。地理学上云霞风雪的变态、山岳河海的名胜、文学家美术家的遗迹，历史上文学美术的进化、文学家美术家的轶事，也都是美育的资料。

由普通教育转到专门教育，从此关乎美育的学科，都成为单纯的进行了。爱音乐的进音乐学校，爱建筑、雕刻、图画的进美术学

---

① 截金术：即黄金分割率。

② 美学中"感情移入"论：也称"移情说"。一种认为审美活动的实质，就是主体将感情移入对象，从而使对象产生美感的理论。此说滥觞于维柯·赫尔德、罗伯特·费舍尔，形成于劳·费舍尔，并由其正式使用。后来德国的里普斯、英国的浮龙·李等人，也都有所阐释、补充和发展。

校，爱演剧的进戏剧学校，爱文学的进大学文科，爱别种科学的人就进了别的专科了。但是每一个学校的建筑式、陈列品，都要合乎美育的条件。可以时时举行辩论会、音乐会、成绩展览会、各种纪念会等，都可以利用他来行普及的美育。

学生不是常在学校的，又有许多已离学校的人，不能不给他们一种美育的机会；所以又要有社会的美育。

社会美育，从专设的机关起：

一、美术馆，搜罗各种美术品，分类陈列。于一类中，又可依时代为次。以原本为主，但别处所藏的图画，最著名的，也用名手的摹本。别处所藏的雕刻，也可用摹造品。须有精印的目录，插入最重要品的摄影。每日定时开馆。能不收入门券费最善，必不得已，每星期日或节日必须免费。

二、美术展览会，须有一定的建筑，每年举行几次，如春季展览、秋季展览等。专征集现代美术家作品，或限于本国，或兼征他国的。所征不胜陈列，组织审查委员选定。陈列品可开明价值，在会中出售。余时亦可开特别展览会，或专陈一家作品，或专陈一派作品。也有借他国美术馆或私人所藏展览的。

三、音乐会，可设一定的会场，定期演奏。在夏季也可在公园、广场中演奏。

四、剧院，可将歌舞剧、科白剧[①]分设两院，亦可于一院中更番

---

① 科白剧：话剧的旧称。

演剧。剧本必须出文学家手笔,演员必须受过专门教育。剧院营业,如不敷开支,应用公款补助。

五、影戏馆,演片须经审查,凡无聊的滑稽剧,凶险的侦探案,卑猥的恋爱剧都去掉。单演风景片与文学家作品。

六、历史博物馆,所收藏大半是美术品,可以看出美术进化的痕迹。

七、古物学陈列所,所收藏的大半是古代的美术品,可以考见美术的起源。

八、人类学博物馆,所收藏的不全是美术品,或者有很丑恶的,但可以比较各民族的美术,或是性质不同,或是程度不同。无论如何幼稚的民族,总有几种惊人的美术品。又往往不相交通的民族,有同性质的作品。很可以促进美术的进步。

九、博物学陈列所与植物园、动物园,这固然不专为美育而设,但矿物的标本与动植物的化石,或色彩绚烂,或结构精致,或形状奇伟,很可以引起美感。若种种活的动植物,值得赏鉴,更不待言了。

在这种特别设备以外,又要有一种普遍的设备,就是地方的美化。若只有特别的设备,平常接触耳目的,还是些卑丑的形状,美育就不完全;所以不可不谋地方的美化。

地方的美化:第一是道路。欧洲都市最广的道路,两旁为人行道,其次公车来往道,又间以种树,艺花,及游人列坐的地方二三列,这自然不能常有的。但每条道路,都要宽平。一地方内各条道路,要有一点匀称的分配。道路交叉的点,必须留一空场,置喷泉、花畦、雕刻品等。

第二是建筑。三间东倒西歪屋，固然起脆薄、贫乏的感想；三四层匣子重叠式的洋房，也可起板滞、粗俗的感想。若把这两者并合在一处，真异常难受了。欧美海滨或山坳的别墅团体，大半是一层楼，适敷小家庭居住，二层的已经很少，再高是没有的。四面都是花园，疏疏落落，分开看各有各的意匠，合起来看，合成一个系统。现在各国都有“花园城”的运动，他们的建筑也大概如此。我们的城市改革很难，组织新村的人，不可不注意呵！

第三是公园。公园有两种：一种是有围墙，有门，如北京中央公园，上海黄浦滩外国公园的样子。里面人工的设备多一点，进去有一点限制。还有一种，是并无严格的范围，以自然美为主，最要的是一大片林木，中开无数通路可以散步。有几大片草地可以运动。有一道河流，或汇成小湖，可以行小舟。建筑品不很多，游人可自由出入。在巴黎、柏林等，地价非常昂贵，但是这一类大公园，都有好几所永远留着。

第四是名胜的布置。瑞士有世界花园的称号，固然是风景很好，也是他们的保护点缀很适宜，交通很便利，所以能吸引游人。美国有好几所国家公园，地面很大，完全由国家保护，不能由私人随意占领，所以能保留它的优点，不受损坏。我们国内，名胜很多，但如黄山等，交通不便，颇难游赏。交通较便的如西湖等，又漫无限制，听无知的人造了许多拙劣的洋房，把自然美缀了许多污点，真是可惜。

第五是古迹的保存。新近的建筑,破坏了很不美观。若是破坏的古迹,转可以引起许多历史上的联想,于不完全中认出美的分子来。所以保存古迹,以不改动它为原则。但有些非加修理不可的,也要不显痕迹,且按着原状的派式。并且留得原状的摄影,记述修理情形同时日,备后人鉴别。

第六是公坟。我们中国人的做坟,可算是混乱极了。贫的是随地权厝[①],或随地做一个土堆子。富的是为了一个死人,占许多土地。石工墓木,也是千篇一律,一点没有美意。照理智方面观察,人既死了,应交医生解剖,若是于后来生理上病理上可备参考的,不妨保存起来。否则血肉可作肥料,骨骼可供雕刻品,也算得是废物利用了。但是人类行为,还有感情方面的吸力,生人对于死人,决不肯把他哀感所托的尸体,简单地处置了。若是照我们南方各省,满山是坟,不但太不经济,也是破坏自然美的一端。现在不如先仿西洋的办法,他们的公坟有两种:一是土葬的,如上海三马路,北京崇文门,都有西洋的公坟。他是画一块地,用墙围着,布置一点林木。要葬的可以指区购定。墓旁有花草,墓上的石碑有花纹,有铭词,各具意匠,也可窥见一时美术的风尚。还有一种是火葬,他们用很庄严的建筑,安置电力焚尸炉。既焚以后,把骨灰聚起来,装在古雅的瓶里,安置在精美石坊的方孔中。所占的地位,比土葬减少,坟园的布置,也很华美。这些办法都比我们的随地乱葬

---

① 权厝:随地放置。厝,停柩。

好，我们不妨先采用。

我说美育，一直从未生以前，说到既死以后，可以休了。中间有错误的、脱漏的，我再修补，尤希望读的人替我纠正。

（据《教育杂志》第14卷第6号，1922年6月出版。）

22. 做一个优秀的中学生

——在上虞县春晖中学的演说词*

(1923 年 5 月 30 日)

* 作者 1923 年 5 月 31 日《日记》载:"偕沈肃文、刘大白往上虞白马湖春晖中学校,晤经子渊、夏丏尊诸君(途中遇薛阆仙,同去)。晚,为诸生演说。"沈肃文:绍兴五中校长;刘大白:该校指导主任;经亨颐,号子渊,时任春晖中学校长;夏丏尊:时任春晖中学教员;薛阆仙:原绍兴中西学堂教员。

兄弟在北京时，经校长时常和我谈起春晖中学的情形，原早想来看看。此次回到故乡，又承五中沈校长邀同来此，今日得和诸位相会，非常欢喜。到了这里，觉得一切都好，所可说的只有羡慕诸君的话。我所羡慕诸君的有三：一是羡慕诸君有中学校可入，二是羡慕诸君所入的中学校是个私人创立的学校，三是羡慕诸君所入的学校有这样的好环境。

中学时代，是人生中最重要的一段。一切身体上、精神上、知识上的基础，都在这时代中学成。就身体上说，我们在这时候，正在发育时期，要想将来有健全的身体去担当社会事业，就非在这时候受正当的体育不可。就知识上说，凡是学问都不是独立的，譬如我想研究化学，就非知道数学、生物学、物理学等不可。如不在这时候修得普通知识，受到普通教育，将来就不能研求正当的学问。这时期无论在何种方面来看，都是重要关头，如果不让他好好地正当地经过，就要终身受亏。回想我从前和诸君一样年纪的时候，要求入中学而不可得，因为那时候还没有这样的一种机关。虽然读书，也无非延师教读，在家念点经书，作点当时通行的八股文[①]而已。到了现在，身体不好，不能担当什么大事，虽想研究一种学问，可是根底没有，很觉得困难。譬如我想研究哲学，或是什么学科，但因没有数学、生物学、化学等的知识，就无从着手，要想一一重新学习呢，年龄已大，来不及了。这是我所常常自恨的。

中学一面继续着小学，一面又接着高等教育。诸君在小学时，大概都还不过是因了兴味而学习种种事情，对于各科，所得的不过是大约的概括的头绪，并未曾得着过分析的知识的。中学的功课比之小学，较为分析的，将来到了专门大学，那分析将更精细。诸君已入中学，较在小学已更进一境，小学虽不过因了兴味来学习种种，在中学校，却不能只凭兴味，比之在小学时，要用点苦功下去，要格外精细的研究了。至于毕业后，或就去任社会事务，或去升入专门，各有各的一条路，分析将又细密，用力自然将又加多。但只要这时打好了根底，那时也就没有什么困难了。最重要的就是现在。关于各

① 八股文：亦称“时文”“制义”或“制艺”。是 15 世纪到 19 世纪（明、清时代）中国封建王朝科举考试制度中所规定的一种文体。每篇文章由破题、承题、起讲、入手、起股、中股、后股、束股八个部分组成。“破题”以两句话点破题目要义。“承题”为承接破题之义而阐明之。“起讲”为议论的开始。“入手”为起讲后入手之处。后面四股为文章正式议论，以中股为全篇重心。在四股中，都有两股排比对偶文字，合共八股，故称八股文。其题目主要限定《四书》（摘句为题），考生所述内容也要根据宋朱熹的《四书集注》等书。这种形式刻板的文体，是束缚人们的思想，维护封建统治的工具。

科，要好好地用功；身体要好好地当心，不要把他错过。这时代留意一分，终身就享受一分的利益，自己弄坏一分，终身就难免一分的吃亏。我回想到自己当时不得受中等教育，至今吃了不少的亏，所以对于今日在座的诸位，觉得很是羡慕。诸君生当现在，有中学可入，真是幸福。

现在中学已多，有官立的，有私立的。诸君所入的中学，却是一个个人创立的学校，尤为难得。这春晖中学是已故陈春澜先生独立出资创设的。他何以要出了许多私财来创立这个春晖中学呢？他虽有钱，如果不拿出来办这个学校，试问谁能强迫他，说他不是？可知他底出钱办学，完全出于自己底本心。他因为有感于自己幼时，未曾得到求学的机会，有了钱就出钱办学，使大家可以来此求学，这一层已很足使我们感动了。我们要怎样地用功，才不致辜负他这片苦心？春澜先生出钱办学时，想来总希望得着许多善良的学生，决不愿有坏学生的，我们要怎样地努力做好学生，才不致违背他的希望？我们人类，在生物中，无角无爪，很是柔弱，而能发达生存者，全在彼此互助，只顾一人，是断不能生存的。自己要人家帮助，同时也须帮助人家。譬如有能作工的，就应去帮助人家作工；有能医病的，就应去帮助人家医病。这样大家彼此互助，世界上的事情才弄得好。春澜先生出了这许多钱来办这个学校，于他自己是丝毫没有利益的，虽用了春晖二字做校名，他老先生死了，还自己晓得什么。他底出钱办学，无非要为帮助我们求学，他这样帮助了我们，我们将怎样地学他去帮助别人呢？这校底历史，种种都可以鼓舞我们，勉励我们。诸君得在此求学，比在别校更容易引起好的感想，更多自振的机会，这也是可羡慕的一件事。

春澜先生出钱办学，不办在都会，而办在这风景很好的清静的白马湖，这尤足令人快意。凡人行事，虽出于自己，但环境也是支配人底行为的。人受环境影响，实是很大。孟母三迁[①]，就是为此。譬如我们，如果置身于争权夺利的人群中，不久看惯了，也就会争权夺利起来，不以为耻了。此地白马湖四周没有坏的事情来诱惑我们，于修养最宜。风景底好，又是城市中人所难得目睹的，空气清爽，不比都会的烟尘熏蒸。这里所有的东西，在都市里都是难得办到的，或不能办到的。在都市的学校，要觅一个运动场不可得，而此地却有很宽大的运动场，并且要扩充也容易。都市中人要花许多旅费才能领略的山水，而诸君却可朝夕赏玩，游钓任意。诸君要研究生物，标本随时随处可得；要研究地理，随处都是材料；天上的星辰，空中的飞鸟，无一不是供给诸君实际上的知识。此地底环境，可以使得诸君于品格上、身体上、知识上得着无限的利益，我很羡慕。

又，人生在世，所要的不但是知识，还要求情的满足。知识底能力，足以征服自然。现在的电灯，较古时的油灯进步；现在的飞机、轮船、火车，较古时的舟车进步。古人虽有很好的心思，但因为被偏见所迷，以为异国人或异种人是可以杀的，或是可以食的，遂有种种

---

① 孟母三迁：指孟母为教子，三迁择邻的故事。孟子幼时因居处靠近墓地，嬉戏常“为墓间之事”，孟母遂迁居街市附近，后因孟子又学“为贾人炫卖之事”，再迁至学宫旁，“乃设俎豆揖让进退。孟母曰：‘真可以居吾子矣。’遂居之”（见《列女传·母仪》）。

残忍不道的危险。现在知识进步,已逐渐把这种偏见除去了许多了。知识上的进步,可以使人得着安全的生活,现在一切穿的、吃的、用的,都好于从前,一切都比从前危险少而利益多。某事怎么去做才便利,怎么去想法子才安全,这都是从知识上计较打算来的。知识底进步,正无限量,将来还不知道有怎样安全快乐便利的生活可得哩!可是人类于知识以外,还有情底要求。世间尽有许多人,物质的生活虽已安全舒服,心里还觉得有许多不满意的。一个人虽不能全没有计较打算,但有的却情愿做和计较打算无关系的事,不如此,就觉得不快,这就是爱美的情。人有爱美的情,原是自然而然的。野蛮人拾了海边的贝壳,编串为各种的式样,挂在身上,或于食了动物以后,更在其骨上雕刻种种花样,视以为乐。乡间农人每逢新年,欢喜买几张花纸贴在壁上,有的或将香烟里的小画片粘贴起来。这在我们看去,或以为不好看,但在他们,却以为是很美的。又如有人听唱戏,学了歌,便喜欢仰天唱唱,或是弄弄什么乐器,这都是人类爱美的心情底流露,也可以说是人与动物不同的地方。其实动物中有许多已有爱美的表现,如鸟类已有美音和美羽。美的东西,虽饥不可以为食,寒不可以为衣,可是却省不来。人如终日在计较打算之中,那便无味。求美也和求知识一样,同是要事。古来伦理学者中有许多人将人生底目的,完全放在快乐二字上面,以为人生底目的,无非在快乐。这虽一偏之见,但快乐很是要事,物质的快乐,有时还不能使人满足,最要紧的就是情的满足。人如果只为生存,只计较打算利益,其实世间没有不可做的事。可是有一种人,自己所不愿的事，无论怎样有利于己，总不肯做；自己所愿做的事，无论如何于物质的生活上有害，还是要做，甚至于牺牲生命，也在所不惜。这就是所谓高尚。高尚也是一种美。我们人类不愿作丑事，愿作美事，就是天性爱美的缘故。若只为生存，还有什么事不可作呢？人不能绝对地不顾自己，但也不能绝对地只求利己，有时还要离了浅薄的自利主义，为别人牺牲自己底一部分或是全体，才能自己满足。譬如陈春澜先生出资办学，就是牺牲行为之一，他并不知后来在校求学的是哪一个，于自己有何利益，却肯出资办学，这就是高尚的美行，我们应该学他的。那么我们怎样才能牺牲自己呢？我们做人，最要紧的是于一日之中，有一种时候不把计较打算放在心里，久而久之，自然有时会发出美的行为来，不觉而能牺牲了。用了计较打算的态度去看一切，一切都无美可得。譬如田间的麦，有人以为粉可充饥，秆可编物、燃火；有人离了这种见解，只赏玩他底叫做"麦浪"的一种随风的波动。又如有人见了山上的植物，以为果可作食品，根可做什么药的；有人却只爱它花底色样或枝叶底风趣。又如有人在白马湖居住了，钓鱼来吃，斫柴来烧；有人却从远远的城市，花了许多钱跑来看看风景，除此外无所求。这两者看法不同，前者是计较打算的，后者是美的。人能日常除去计较打算，才会渐渐地美起来。

美有自然美、人造美两种，山水风景属于自然美，绘画音乐等属于人造美。人造美随处可作，不限地方，如绘画、音乐在城市也可赏鉴的。至于自然，却限于一定的地方才可领略。人在稠密的城市中，难得有自然美，所以住在城市的人，家家都喜欢挂山水画，他们四面找不出好风景，所以只好在画中看看罢了。诸君现在处在这样好的风景之中，真是难得的好机会，我很羡慕。诸位将来出去到社会上任事的时候，我想必定要回想到白马湖的风景，因为那时必无这样的好山好水给诸君领略了。在这几年中，务必好好地领略，才不辜负了这样的好地方。

以上是我对于诸君所羡慕的三桩事。如前所说，中学时代是终身中关系最重的一段，诸君既入了中学，身体、知识都要趁现在注意留心。这校底历史，足以使诸君发生至好的感想，宜格外自励，不可错过机会。此地有这样的好风景，是别处所不易得的，趁现在有机会要请诸君好好地领略。最要紧的就是现在了。

（原载春晖中学校刊《春晖》第 14 期，

现据《绍兴文史资料》1988 年第 4 辑。）

23. 教育的目标

——在南京特别市教育局的演说词

(1927 年 10 月 30 日)

今日承市教育界诸君欢迎,极感愉快。

教育事业重要,已为各方所公认。但教育程度愈高愈妙,故由小学而中学,而大学,而研究院。唯欲高级教育昌明,则非使低级教育良好不可,所谓基础教育是。小学教育不良,则中学教育必不佳,大学更不能问,遑云研究院。若然,则普通教育实为各级教育之根本。

中国新教育事业,迄今不过三十年。在此三十年,而至今日,吾人能否指出某一校能满意?结果无论任何学校,均似太不完备。但如何而能良好,而能满意?言及于此,则非先有良好模范与榜样不为功。南京为首都之区,即榜样场所,此地能将教育办理完美,则他省亦受良好之影响;反是,则是影响他方教育之不良。余言至此,余认为今日之首都,普通教育职员,实负非常之责任。今日就余所知所觉者，认为人人对教育确有三点应特别注意，兹分别述之，以资贡献。

一、养成科学头脑。余所谓养成科学头脑者，不但养成几许之科学家，而实希望教育家无论何地何时，对于任何事件，均以科学眼光观察之，思考之，断定之。余意任一事之结果，自己相信，决不盲从，务以科学有条理的方法去应付，然后方能不说乱话，不做错事。总理所著《三民主义》《建国大纲》等，皆依社会现象与国家环境，本科学手腕与各方法而著成。诸位信仟三民主义，亦非强迫的与盲从的，盖凭科学方法观察之结果而信任之，服从之。国民政府现设大学院，院中设中央研究院，院中各种学科，如天文、地理、历史、教育、心理、美术、哲学等，皆依科学方法研究之，探讨之。研究之人，专召集各大学区之大学教授及大学高材生等。中、小学生虽无研究此高深学科之能力，但亦须慢慢养成此种科学头脑，以待将来之用。

二、养成劳动习惯。人之动作，非仅凭脑，脑部之外，尚有手足。苟只凭用脑力研究学问而不劳力，则身体上不能获得平均之发达，以致年龄愈大、脑力愈衰。劳力者一字不识，仅以力量工作，有如蜂、蚁，结果恐永无进步。是故研究教育事业，必须脑力、劳力同时互用，否则不能有良好结果。一般文学家，往往有特殊脾气，其原因即系脑与力不能并用，身体发达不平均，致有此种流弊。孔子所谓应洒扫应对进退[1]，即劳动之意。而今日学校中运动，本劳动之本旨。他如猫在幼时，常以爪为游戏，即将来捕鼠之预备工作；幼女抱小儿，即将来为人母之预备工作。凡此种种，均劳动之意也。至此，余乃忆及从前杜威博士在希腊办一师范学校，不上课，只作工。同时即利用此机，以运用教授方法。其所做工作，如缝衣、烹调、造饭等。而此种工作，必需调味料、动植物及布匹丝棉等，于是植物学、动物学、地理学、历史学、物理学、几何学、卫生学、化学等课程，随之而出。进一层言，脑力与劳动同时并进之好处，非独养成身体发达之平均，而最大关键，乃在打破劳动阶级与智识阶级之界限。现在上海办一劳动大学，内分两部：一部招收一般高级工业校毕业生入肄业[2]，以工厂为学业，为生活；另设劳工补习班，以灌输相当知识给一般劳工。浙江亦有劳农学院，半工半读；乡间设夜班，或冬季班。凡此种种，均系实现教育之劳动习惯也。

三、提倡艺术兴味。人生由小而长，而老，而死，苟无艺术之调和，则一世生活，真无兴趣之可言。孩提之童，信口歌唱，即美术上之天籁以□。教育方面之艺术，并不限于课程范围内，课程之外，如举止谈话，亦有美术兴趣。而美之重要条件，在复杂与条理。今有一物，外观建筑极为美观，但内部一无所有，殊少兴趣。又如南京之夫子庙，组织固复杂，但太散漫，亦不甚好。美术事业，重在合各派

---

① 此处孔子语出自《论语·子张》。原文是："子夏之门人小子，当洒扫应对进退，则可矣。"

② 原文如此，疑为"入学"之误。

于一炉而支配之，如金陵大学、金陵女大、燕京、协和[1]等大学，其建筑外观，均为宫殿式，所谓东方艺术；而内部则以西洋美术方法组织之。美术事业，又重在改良自己之固有者及改造环境现象为第一要义，不能盲从，更不可强人盲从。苟仅知描写模仿，而不知创造，则不配称之曰美术家。故艺术兴味，确为教育上第一要义。

以上三点，望到会诸位深思之。

（据蔡元培演说词记录稿）

---

① 燕京、协和：燕京大学和协和医学院（1929年前，曾名为协和医科大学）。

24. 说青年运动*

(1928年夏)

* 此篇曾辑入陇西约翰所编《蔡元培言行录》(广益书局1931年10月版),但该书所载者错误较多,今参照作者手稿校订。

青年是求学的时期，青年运动，是指青年于求学以外，更为贡献于社会的运动。这种运动有两类：一是普通的；一是非常的。

普通的运动，如于夜间及星期日办理民众学校，于假期中尽有益社会之义务，如中央党部所列举的“识字运动”“造林运动”等。这种运动，不但时间上无碍于学业，而经验上且可为学业的印证，于青年实为有益。

非常的运动，如“五四”与“三一八”等，完全为爱国心所驱迫，虽牺牲学业，亦有所不顾，这是万不得已而为之的。

青年的学业，为将来事业的准备，目前牺牲了一分学业，将来事业上，不知要受多少损失。孙中山先生所以能创定主义，率导革命，固仗天才，亦凭学力。我们读《孙文学说》《建国方略》与《三民主义》的演讲，很可以知道他的博学而深思。现在，我们袭了孙先生的余荫，想把亟应建设的事业刻期实现，觉得很困难；这完全由于专门人才的不足，就是我们这一辈人，在青年时代，大半没有切切实实地用功，现在就想补习，也来不及了。个人成为废物，还是小事，把全民族的事业耽误了，这个关系很重大。既往不咎，来日太难，将来的事业，全靠现代青年去担任。一般青年，若不以前一辈人为前车之鉴，而仍旧不肯好好儿求学，到将来担任事业的时候，也同我们一样的无能。那时候国际的情形，比现在还要紧张，怕的中华民族，真要陷于万劫不复之地位了。

学业既这样重要，所以非有关乎国族存亡的大问题，断乎不值得牺牲的。若是为小小问题，如与一二教职员伤了感情，或为学校改换名称，要增加经费或校舍等，就认为运动的题目，因而罢课游行，甚至毁物殴人，都所不惜，这就完全失了青年运动的本义了。愿现代青年注意。

（据蔡元培手稿）

25. 以美育代宗教

（1930 年 12 月）

我向来主张以美育代宗教，而引者或改美育为美术，误也。我所以不用美术而用美育者：一因范围不同，欧洲人所设之美术学校，往往止有建筑、雕刻、图画等科，并音乐、文学，亦未列入。而所谓美育，则自上列五种外，美术馆的设置，剧场与影戏院的管理，园林的点缀，公墓的经营，市乡的布置，个人的谈话与容止，社会的组织与演进，凡有美化的程度者，均在所包，而自然之美，尤供利用，都不是美术二字所能包举的。二因作用不同，凡年龄的长幼，习惯的差别，受教育程度的深浅，都令人审美观念互不相同。

我所以不主张保存宗教，而欲以美育来代他，理由如下：

宗教本旧时代教育，各种民族，都有一个时代完全把教育权委托于宗教家，所以宗教中兼含着智育、德育、体育、美育的元素。说明自然现象，记上帝创世次序，讲人类死后世界等、是智育。犹太教的十诫[1]，佛教的五戒[2]，与各教中劝人去恶行善的教训，是德育。各教中礼拜、静坐、巡游的仪式，是体育。宗教家择名胜的地方，建筑教堂，饰以雕刻、图画，并参用音乐、舞蹈，佐以雄辩与文学，使参与的人有超出尘世的感想，是美育。

从科学发达以后，不但自然历史、社会状况，都可用归纳法求出真相，就是潜识、幽灵一类，也要用科学的方法来研究它。而宗教上所有的解说，在现代多不能成立，所以智育与宗教无关。历史学、社会学、民族学等发达以后，知道人类行为是非善恶的标准，随地不同，随时不同，所以现代人的道德，须合于现代的社会，决非数百年或数千年以前之圣贤所能预为规定，而宗教上所悬的戒律，往往出自数千年以前，不特挂漏太多，而且与事实相冲突的，一定很多，所以德育方面，也与宗教无关。自卫生成为专学，运动场、疗养院的设备，因地因人，各有适当的布置，运动的方式，极为复杂。旅行的便利，也日进不已，决非宗教上所有的仪式所能比拟。所以体育方面，也不必倚赖宗教。于是宗教上所被认为尚有价值的，止有美育的原素了。庄严伟大的建筑，优美的雕刻与绘画，奥秘的音乐，雄深或婉挚的文学，无论其属于何教，而异教的或反对一切宗教的人，决不能抹杀其美的价值，是宗教上不朽的一点，只有美。

然则保留宗教，以当美育，可行么？我说不可。

---

① 犹太教的十诫：《圣经》里记载说，摩西到以色列后，向人们宣布了信仰上帝的“可以”和“不可以”的十条戒律。

② 佛教的五戒：即不杀生、不偷盗、不邪淫、不妄语、不饮酒。

一、美育是自由的，而宗教是强制的；

二、美育是进步的，而宗教是保守的；

三、美育是普及的，而宗教是有界的。

因为宗教中美育的元素虽不朽，而既认为宗教的一部分，则往往引起审美者的联想，使彼受其智育、德育诸部分的影响，而不能为纯粹的美感，故不能以宗教充美育，而止能以美育代宗教。

（据《现代学生》第1卷第3期，1930年12月出版。）

26. 美育

（1930 年）

美育者，应用美学之理论于教育，以陶养感情为目的者也。人生不外乎意志，人与人互相关系，莫大乎行为，故教育之目的，在使人人有适当之行为，即以德育为中心是也。顾欲求行为之适当，必有两方面之准备：一方面，计较利害，考察因果，以冷静之头脑判定之；凡保身卫国之德，属于此类，赖智育之助者也。又一方面，不顾祸福，不计生死，以热烈之感情奔赴之。凡与人同乐、舍己为群之德，属于此类，赖美育之助者也。所以美育者，与智育相辅而行，以图德育之完成者也。

吾国古代教育，用礼、乐、射、御、书、数之六艺。乐为纯粹美育；书以记述，亦尚美观；射、御在技术之熟练，而亦态度之娴雅；礼之本义在守规则，而其作用又在远鄙俗。盖自数以外，无不含有美育成分者。其后若汉魏之文苑、晋之清谈、南北朝以后之书画与雕刻、唐之诗、五代以后之词、元以后之小说与剧本，以及历代著名之建筑与各种美术工艺品，殆无不于非正式教育中行其美育之作用。

其在西洋，如希腊雅典之教育，以音乐与体操并重，而兼重文艺。音乐、文艺，纯粹美育。体操者，一方以健康为目的，一方实以使身体为美的形式之发展；希腊雕像，所以成空前绝后之美，即由于此。所以雅典之教育，虽谓不出乎美育之范围，可也。罗马人虽以从军为政见长，而亦输入希腊之美术与文学，助其普及。中古时代，基督教徒，虽务以清静矫俗；而峨特式之建筑，与其他音乐、雕塑、绘画之利用，未始不迎合美感。自文艺复兴以后，文艺、美术盛行。及十八世纪，经鲍姆嘉通[①](Baumgarten，1717—1762)与康德[②](Kant，1724—1804)之研究，而美学成立。经席勒[③](Schiller，1759—1805)详论美育之作用，而美育之标识，始彰明较著矣。(席勒所著，多诗歌及剧本；而其关于美学之著作，唯 Brisfe über die ästhetische Erziehung，吾国“美育”之术语，即由德文之 Ästhetische Erziehung 译出者也。)自是以后，欧洲之美育，为有意识之发展，可以资吾人之借鉴者甚多。

爰参酌彼我情形而述美育之设备如下：美育之设备，可分为学校、家庭、社会三方面。

学校自幼稚园以至大学校，皆是。幼稚园之课程，若编纸、若粘

---

① 鲍姆嘉通：德国美学家。

② 康德：德国哲学家。

③ 席勒：德国美学家。

土、若唱歌、若舞蹈、若一切所观察之标本，有一定之形式与色泽者，全为美的对象。进而至小学校，课程中如游戏、音乐、图画、手工等，固为直接的美育；而其他语言与自然、历史之课程，亦多足以引起美感。进而及中学校，智育之课程益扩加；而美育之范围，亦随以俱广。例如，数学中数与数常有巧合之关系；几何学上各种形式，为图案之基础；物理、化学上能力之转移，光色之变化；地质学的矿物学上结晶之匀净，闪光之变幻；植物学上活色生香之花叶；动物学上逐渐进化之形体，极端改饰之毛羽，各别擅长之鸣声；天文学上诸星之轨道与光度；地文学上云霞之色彩与变动；地理学上各方之名胜；历史学上各时代伟大与都雅之人物与事迹；以及其他社会科学上各种大同小异之结构，与左右逢源之理论，无不于智育作用中，含有美育之元素，一经教师之提醒，则学者自感有无穷之兴趣。其他若文学、音乐等之本属于美育者，无待言矣。进而至大学，则美术、音乐、戏剧等皆有专校，而文学亦有专科。即非此类专科、专校之学生，亦常有公开之讲演或演奏等，可以参加。而同学中亦多有关于此等美育之集会，其发展之度，自然较中学为高矣。且各级学校，于课程外，尚当有种种关于美育之设备。例如，学校所在之环境有山水可赏者，校之周围，设清旷之园林。而校舍之建筑，器具之形式，造像摄影之点缀，学生成绩品之陈列，不但此等物品之本身，美的程度不同，而陈列之位置与组织之系统，亦大有关系也。

其次家庭：居室不求高大，以上有一二层楼，而下有地窟者为适宜。必不可少者，环室之园，一部分杂莳花木，而一部分可容小规模之运动，如秋千、网球之类。其他若卧室之床几、膳厅之桌椅与食具、工作室之书案与架柜、会客室之陈列品，不问华贵或质素，总须与建筑之流派及各物品之本式，相互关系上，无格格不相入之状。其最必要而为人人所能行者，清洁与整齐。其他若鄙陋之辞句，如恶谑与谩骂之类，粗暴与猥亵之举动，无论老幼、男女、主仆，皆当屏绝。

其次社会：社会之改良，以市乡为立足点。凡建设市乡，以上水管、下水管为第一义；若居室无自由启闭之水管，而道路上见有秽水之流演、粪桶与粪船之经过，则一切美观之设备，皆为所破坏。次为街道之布置，宜按全市或全乡地面而规定大街若干、小街若干，街与街之交叉点，皆有广场。场中设花坞，随时移置时花；设喷泉，于空气干燥时放射之，如北方各省尘土飞扬之所，尤为必要。陈列美术品，如名人造像，或神话、故事之雕刻等。街之宽度，预为规定，分步行、车行各道，而旁悉植树。两旁建筑，私人有力自营者，必送其图于行政处，审为无碍于观瞻而后认可之；其无力自营而需要住所者，由行政处建筑公共之寄宿舍。或为一家者，或为一人者，以至廉之价赁出之。于小学校及幼稚园外，尚有寄儿所，以备孤儿或父母同时作工之子女可以寄托，不使抢攘于街头。对于商店之陈列货物，悬挂招牌，张贴告白，皆有限制，不使破坏大体之美观，或引起恶劣之心境。载客运货之车，能全用机力，最善。必不得已而利用畜力，或人力，则牛马必用强壮者，装载之量与运行之时，必与其力相称。人力间用以运轻便之物，或负担，或曳车、推车。若为人舁轿挽车，唯对于病人或妇女，为徜徉游览之助者，或可许之。无论何人，对于老牛、羸马之竭力以曳重载，或人力车夫之袒背浴汗而疾奔，不能不起一种不快之感也。设习艺所，以收录贫苦与残疾之人，使得于能力所及之范围，稍有所贡献，以偿其所享受，而不许有沿途乞食者。设公墓，可分为土葬、火葬两种，由死者遗命或其子孙之意而选定之。墓地上分区、植树、莳花、立碑之属，皆有规则。不许于公墓以外，买地造坟。分设公园若干于距离适当之所，有池沼亭榭、花木鱼鸟，以供人工作以后之休憩。设植物园，以观赏四时植物之代谢。设动物园，以观赏各地动物特殊之形状与生活。设自然历史标本陈列所，以观赏自然界种种悦目之物品。设美术院，以久经鉴定之美术品，如绘画、造像及各种美术工艺，刺绣、雕镂之品，陈列于其中，而有一定之开放时间，以便人观览。设历史博物院，以使人知一民族之美术，随时代而不同。设民族学博物院，以使人知同时代中，各民族之美术，各有其特色。设美术展览会，或以新出之美术品，供人批评；或以私人之所收藏，暂供众览；或由他处陈列所中，抽借一部，使观赏者常有新印象，不为美术院所限也。设音乐院，定期演奏高尚之音乐，并于公园中为临时之演奏。设出版物检查所，凡流行之诗歌、小说、剧本、画谱，以至市肆之挂屏、新年之花纸，尤其儿童所读阅之童话与画本等，凡粗犷、猥亵者禁止之，而择其高尚优美者助为推行。设公立剧院及影戏院，专演文学家所著名剧及有关学术，能引起高等情感之影片，以廉价之入场券引人入览。其他私人营业之剧院及影戏院，所演之剧与所照之片，必经公立检查所之鉴定，凡卑猥陋劣之作，与真正之美感相冲突者，禁之。婚丧仪式，凡陈陈相因之仪仗、繁琐无理之手续，皆废之；定一种简单而可以表示哀乐之公式。每年遇国庆日，或本市本乡之纪念日，则于正式祝典以外，并可有市民极端欢娱之表示；然亦有一种不能越过之制限，盖文明人无论何时，总不容有无意识之举动也。以上所举，似专为新立之市乡而言，其实不然。旧有之市乡，含有多数不合美育之分子者，可于旧市乡左近之空地，逐渐建设，以与之交换，或即于旧址上局部改革。

要之，美育之道，不达到市乡悉为美化，则虽学校、家庭尽力推行，而其所受环境之恶影响，终为阻力，故不可不以美化市乡为最重要之工作也。

（据《教育大辞书》上册，商务印书馆 1930 年版。）

27. 美育与宗教

——在上海中华基督教青年会上的演说词

（1930 年 12 月）

我记得十余年前，在丙辰学社[①]讲演，曾提出以美育代宗教的问题。今日承中华基督教青年会同仁的请属，再把这个问题提出来，向诸位请教，这在我个人是个很难得的机会。

我要预先说明的是，我们说的宗教，并不是指个人自由的信仰心，而仅是指一种拘泥形式，以有历史的组织干涉个人信仰的教派。

又我所说的美育，并不能易作美术。因从前引我说的，屡有改作以美术代宗教者，故不能不声明。盖欧洲人所谓美术，恒以建筑、雕刻、图画与其他工艺美术为限；而所谓美育，则不仅包括音乐、文学等，而且自然现象、名人言行、都市建设、社会文化，凡合于美学的条件而足以感人的，都包括在内，所以不能改为美术。

---

① 丙辰学社：即中华学艺社。1916年(夏历丙辰年)成立于日本东京，后改名为中华学艺社。

我所以主张以美育代宗教，有下列两种原因：

一、宗教的初期，本兼有智育、德育、美育三事，而尤以美育为引人信仰之重要成分。及人智进步，物质科学与社会科学逐渐成立，宗教上智育、德育的教训，显见幼稚，不能不让诸科学家之研究，而宗教之所以尚能维持场面，使信徒尚恋恋不忍去者，实恃其所保留之关系美育的部分而已。(〈现〉象上的美与精神上的美。)

二、以代宗教上所保留的关系美育部分，在美育上实只为一部分，而并不足以揽其全。且以其关系宗教之故，而时时现出矛盾之迹，例如美育是超越的，而宗教则计较的；美育是平等的，而宗教则差别的；美育是自由的，而宗教则限制的；美育为创造的，而宗教是保守的。所以到现时代，宗教并不足为美育之助而反为其累。

因是我等看出美育的初期，虽系赖宗教而发展，然及其养成独立资格以后，则反受宗教之累；而且我等已承认现代宗教，除美育成分以外，别无何等作用，则我等的结论就是以美育代宗教。在家庭间，子女当幼稚时期，不能不受父母之抚养及教训，及其长大，而父母业已衰老，则子女当出而自负责任，俾父母得以休息。其他各种事业上之先进与后进，亦复互相乘除，随时期而更迭。美育之代宗教，亦犹是耳。但是这个问题，甚为复杂。我所说有不明了、不合适之处，还请诸位指教。

(据蔡元培手稿)

28. 美育代宗教

（1932 年）

有的人常把美育和美术混在一起，自然美育和美术是有关系的，但这两者范围不同，只有美育可以代宗教，美术不能代宗教，我们不要把这一点误会了。就视觉方面而言，美术包括建筑、雕刻、图画三种，就听觉方面而言，包括音乐。在现在学校里，像图画、音乐这几门功课都很注意，这是美术的范围。至于美育的范围要比美术大得多，包括一切音乐、文学、戏院、电影、公园、小小园林的布置、繁华的都市（例如上海）、幽静的乡村（例如龙华[①]），等等，此外，如个人的举动（例如六朝人的尚清谈[②]）、社会的组织、学术团体、山水的利用，以及其他种种的社会现状，都是美育。美育是广义的，而美术

---

① 龙华：地名，在上海。

② 清谈：也称“清言”或“玄言”。魏晋时期崇尚虚无、空谈名理的一种风气，多用老庄思想解释儒家经义，摈弃事务，专谈学理，士人争相模仿。

则意义太狭。美术是活动的，譬如中学生的美术就和小学生的不同，哪一种程度的人，就有哪一种的美术；民族文化到了什么程度，就产生什么程度的美术。美术有时也会引起不好的思想，所以国家裁制，便不用美术。

我为什么想到以美育代宗教呢？因为现在一般人多是抱着主观的态度来研究宗教，其结果，反对或者是拥护，纷纭聚讼，闹不清楚。我们应当从客观方面去研究宗教。不论宗教的派别怎样的不同，在最初的时候，宗教完全是教育，因为那时没有像现在那样为教育而设的特殊机关，譬如基督教青年会[1]讲智、德、体三育，这就是教育。

初民时代没有科学，一切人类不易知道的事，全赖宗教去代为解释。初民对于山、海、光，以及天雨、天晴等自然界现象，很是惊异，觉得这些现象的发生，总有一个缘故在里面。但是什么人去解释呢？又譬如星是什么，太阳是什么，月亮是什么，世界什么时候起始，为什么有这世界，为什么有人类，这许多问题。现在社会人事繁复，生活太复杂，人们一天到晚，忙忙碌碌，没有工夫去研究这些问题；但我们的祖宗生活却很简单，除了打猎外，便没有什么事，于是就有摩西[2]把这些问题作了一番有系统的解答，把生前是一种怎样

---

① 基督教青年会（Young Men's Christian Association—Y. M. C. A）：简称“青年会”，基督教（新教）社会活动机构之一。1844 年英国人乔治·威廉斯（George Williams，1821—1905）创立于伦敦。开始时，在青年职工中提倡宗教活动，传到美国后，逐渐发展成为有广泛社会活动的机构，主张在青年中进行智、德、体的教育，并提倡改良主义。1885 年由美国传入中国。

② 摩西：犹太教、基督教《圣经》故事中犹太人的古代领袖。

情形，死后又是一种怎样情形，世界没有起始以前是怎样，世界的将来究竟又是怎样，统统都解释了出来。为什么会有日蚀、月蚀那种自然的现象呢？说是日或月给动物吞食了去。在创世纪里，说人类是上帝于一天之内造出来的，世界也是上帝造出来的，而且可吃的东西都有。经过这样一番解释之后，初民的求知欲就满足了。这是说到宗教和智育的关系。

从小学教科书里直到大学教科书里，有人讲给我们听，说人不可做怎样怎样不好的事，这是从消极说法；更从积极方面，说人应该做怎样怎样的人，这就是德育。譬如摩西的十戒也说了许多人“可以”怎样和“不可以”怎样的话，无论哪一种的宗教总是讲规矩，讲爱人爱友，爱敌如友，讲怎样做人的模范，现在的德育也是讲人和人如何往来，人如何对待人，这是说到宗教和德育的关系。

宗教有跪拜和其他种种繁重的仪式，有的宗教的信徒每日还要静坐多少时间，有许多基督教徒每年要往耶路撒冷①去朝拜，佛教徒要朝山，要到大寺院里去进香。我以为这些情形研究的结果，原来都和体育与卫生有关。周朝很注重礼节，一部《周易》②无非要人

---

① 耶路撒冷：世界著名古城，位于亚洲西部巴勒斯坦地区。相传古犹太王所罗门在此建造“圣殿”后，成为犹太人的政治和宗教中心。基督教相信耶稣被钉死于此地，伊斯兰教相信穆罕默德曾在此地升天。故犹太教、基督教和伊斯兰教都把此地奉为圣地，竞相礼拜。

② 《周易》：一名《易》，又称《易经》，儒家重要经典之一。包括经和传两部分。经本是占筮书，包括六十四卦的卦象、卦名、卦辞、爻辞四部分。《易经》中传的部分是解释、阐述经的，称为《易传》。一般认为八卦大体起于上古，卦辞、爻辞形成于西周初期。《易传》并非一人一时所作，它导源于孔子而由儒家后学在战国时写成。

强壮身体，一部《礼记》[1]规定了很繁重的礼节，也无非要人勇敢强有力，所谓平常有礼，有事当兵。这是说到宗教和体育的关系。

所以，在宗教里面智、德、体三育都齐备了。

凡是一切教堂和寺观，大都建筑在风景最好的地方。欧洲文艺复兴[2]之后，在建筑方面产生了许多格式。中国的道观，其建筑的格式最初大都由印度输入，后来便渐渐地变成了中国式。回教的建筑物，在世界美术上是很有名的。我们看了这些庄严灿烂的建筑物，就可以明了这些建筑物的意义，就是人在地上不够生活，要跳上天去，而这天堂就是要建立在地上的。再说到这些建筑物的内部也是很壮丽的，我们只要到教堂里面去观察，我们就可以看出里面的光线和那些神龛都显出神秘的样子，而且教堂里面一定有许多雕刻，这些雕刻都起源于基督教。现在有许多油画和图像，都取材自基督教，唐朝的图像也常取材自佛。此外，在音乐方面，宗教的音乐，例如宗教上的赞美歌和歌舞，其价值是永远存在的。现在会演说的人有许多是宗教家。宗教和文学也有很密切的关系，因为两者都是感情的产物。凡此种种，其目的无非在引起人们的美感，这是

---

① 《礼记》：儒家经典之一。秦汉以前各种礼仪论著的选集。相传西汉戴圣编纂，今本为东汉郑玄注本。有《曲礼》《檀弓》《王制》《月令》《礼运》《学记》《乐记》《中庸》《大学》等四十九篇。大率是孔子弟子及再传弟子、三传弟子等所记，也有讲礼的古书。是研究中国古代社会情况、儒家学说和文物制度的参考书。

② 文艺复兴：欧洲文化和思想发展的一个时期(14 世纪至 16 世纪)。16 世纪资产阶级史学家认为它是古代文化的复兴，因而得名。最初开始于意大利，后来扩大到德、法、英、荷等欧洲其他国家。文艺复兴普遍的表现虽是科学、文学和艺术的高涨，但由于各国的社会和历史条件不同，文艺复兴运动在各个国家都带有自己的特征。在意大利，诗歌、绘画、雕刻、建筑、音乐取得突出的成就；而在法国，自由思想和怀疑思想相当发达。

宗教的一种很重要的作用。因为宗教注意教人,要人对于一切不满意的事能找到安慰,使一切辛苦和不舒服能统统去掉。但是用什么方法呢?宗教不能用很严正的话或很具体的话去劝慰人,它只能利用音乐和其他一切的美术,使人们被引到另一方面去,到另外一个世界中去,而把具体世界忘掉。这样,一切困苦便可以暂时去掉,这是宗教最大的作用。所以宗教必有抽象的上帝,或是先知,或是阿弥陀佛。这是说到宗教和美育的关系。

以前都是以宗教代教育,除了宗教外,没有另外的教育,就是到了欧洲的中古时代,也还是这样。教育完全在教堂里面,从前日本的教育都由和尚担任了去,也只有宗教上的人有那热心和余暇去从事于教育的事业。但现在可不同了,现在有许多的事,我们都知道。譬如一张桌子,有脚,其原料是木头,灯有光,等等。这些事情只有科学和工艺书能告诉我们,动物学和植物学也告诉了我们许多关于自然的现象。此外如地球如何发生,太阳是怎么样的,星宿是怎么样的,也有地质学和天文学可以告诉我们,而且解释得很详细。比宗教解释得更详细。甚而至于人死后身体怎样的变化,灵魂怎样,也有幽灵学可以告诉我们。还有精神上的动作,下意识的状态,等等,则有心理学可以告诉我们。所以单是科学已尽够解释一切事物的现象,用不着去请教宗教。这样,宗教和智育便没有什么关系。现在宗教对于智育,不但没有什么帮助,而且反有障碍,譬如像现在的美国,思想总算很能自由,但在大学里还不许教进化论,到现在宗教还保守着上帝七天造人之说,而不信科学。这样说来,宗教不是反有害吗?

讲到德育,道德不过是一种行为。行为也要用科学的方法去研究的,先要考察地方的情形和环境,然后才可以定一种道德的标准,否则便不适用。例如在某地方把某种行为视为天经地义,但换一个地方便成为大逆不道。所以从历史上看来,道德有的时候很是野蛮。宗教上的道德标准,至少是千余年以前的圣贤所定,对于现在的社会,当然是已经不甚适用。譬如《圣经》上说有人打你的右颊,你把左颊也让他打,有人剥你的外衣,你把里衣也脱了给他。这几句话意思固然很好,但能否做得到,是否可以这样做,也还是一个问题。但相信宗教的人,却要绝对服从这些教义。还有宗教常把男女当作两样东西看待,这也是不对的。所以道德标准不能以宗教为依归。这样说来,现在宗教对于德育,也是不但没有益处,而且反有害处的。

至于体育,宗教注重跪拜和静坐,无非教人不要懒惰,也不要太劳。有许多人进杭州天竺[①]烧香,并不一定是相信佛,不过是趁这机会看看山水罢了。现在各项运动,如赛跑、玩球、摇船,等等,都有科学的研究,务使身体上无论哪一部分都能平均发达。遇着山水好的地方,便到那个地方去旅行。此外,又有疗养院的设施,使人有可以静养的处所。人疲劳了应该休息,换找新鲜空气,这已成为老生

---

① 天竺:浙江杭州灵隐寺南山中,上天竺、中天竺、下天竺的统称。其地有建于五代、隋代、东晋时期的法喜寺、法净寺、法源寺等著名佛教寺院。旧时为人们朝拜进香的圣地。

常谈。所以就体育而言,也用不着宗教。

这样,在宗教的仪式中,就丢掉了智、德、体三育,剩下来的只有美育,成为宗教的唯一元素。各种宗教的建筑物,如庵观寺院,都造得很好,就是反对宗教的人也不会说教堂不是美术品。宗教上的各种美术品,直到现在,其价值还是未动,还是能够站得住,无论信仰宗教或反对宗教的人,对于宗教上的美育都不反对,所以关于美育一部分宗教还能保留。但是因为有了美育,宗教可不可以代美育呢?我个人以为不可。因为宗教上的美育材料有限制,而美育无限制。美育应该绝对地自由,以调养人的感情。吴道子的画没有人说他坏,因为每一个人都有他自己所欣赏的美术。宗教常常不许人怎样怎样,一提起信仰,美育就有限制。美育要完全独立,才可以保有它的地位。在宗教专制之下,审美总不很自由。所以用宗教来代美育是不可的。还有,美育是整个的,一时代有一时代的美育。油画以前是没有的,现在才有。照相也是如此。唱戏也经过了许多时期。无论音乐、工艺美术品,都是时时进步的。但宗教却绝对地保守,譬如一部《圣经》,哪一个人敢修改?这和进化则相反。美育是普及的,而宗教则都有界限。佛教和道教互相争斗,基督教和回教到现在还不能调和,印度教和回教也极不相容,甚至基督教中间也有新教、旧教、天主教、耶稣教之分,界限大,利害也就很清楚。美育不要有界限,要能独立,要很自由,所以宗教可以去掉。宗教说好人死后不吃亏,但现在科学发达,人家都不相信。宗教又说,人死后有灵魂,做好人可以受福,否则要在地狱里受灾难,但究竟如何,还没有人拿出实在证据来。

总之，宗教可以没有，美术可以辅宗教之不足，并且只有长处而没有短处，这是我个人的见解。这问题很是重要。……我到现在还在研究中，希望将来有具体的计划出来，我现在不过把已想到的大概情形向诸位说说。

（据王维骃编《近代名人言论集》，1932 年上海出版。）

29. 义、恕、仁

——题绍兴成章小学校训*

(1931 年春)

* 1931 年春，绍兴成章小学校庆时，作者曾往祝贺，并亲笔题赠了如上校训。

威武不能屈，富贵不能淫，贫贱不能移，是谓义；己所不欲，勿施于人，是谓恕；己欲立而立人，己欲达而达人，是谓仁。

（据《绍兴文史资料选辑》第7辑，
绍兴县政协文史资料工作委员会。）

30. 义务与权利*

——在北京女子师范学校的演说词

(1919 年 12 月 7 日)

* 《蔡孑民先生言行录》上注明此篇系“八年十二月七日改定”。

贵校成立，于兹十载，毕业生之服务于社会者，甚有声誉，鄙人甚所钦佩。今日承方校长属以演讲，鄙人以诸君在此受教，是诸君的权利；而毕业以后即当任若干年教员，即诸君之义务，故愿为诸君说义务与权利之关系。

权利者，为所有权、自卫权等，凡有利于己者，皆属之。义务则几尽吾力而有益于社会者皆属之。

普通之见，每以两者为互相对待，以为既尽某种义务，则可以要求某种权利，既享某种权利，则不可不尽某种义务。如买卖然，货物与金钱，其值相当是也。然社会上每有例外之状况，两者或不能兼得，则势必偏重其一。如杨朱为我[①]，不肯拔一毛以利天下；德国之斯梯纳（Strne）及尼采（Nietsche）等，主张唯我独尊，而以利他主义为奴隶之道德。此偏重权利之说也。墨子之道，节用而兼爱。孟子曰：生与义不可得兼，舍生而取义。此偏重义务之说也。今欲比较两者之轻重，以三者为衡。

一、以意识之程度衡之。下等动物，求食物，卫生命，权利之意识已具；而互助之行为，则于较为高等之动物始见之。昆虫之中，蜂、蚁最为进化。其中雄者能传种而不能作工。传种既毕，则工蜂、工蚁刺杀之，以其义务无可再尽，即不认其有何等权利也。人之初生，即知吮乳，稍长则饥而求食，寒而求衣，权利之意义具，而义务之意识未萌。及其长也，始知有对于权利之义务。且进而有公而忘私、国而忘家之意识。是权利之意识，较为幼稚；而义务之意识，较为高尚也。

二、以范围之广狭衡之。无论何种权利，享受者以一身为限；至于义务，则如振兴实业、推行教育之类，享其利益者，其人数可以无限。是权利之范围狭，而义务之范围广也。

三、以时效之久暂衡之。无论何种权利，享受者以一生为限。即如名誉，虽未尝不可认为权利之一种，而其人既死，则名誉虽存，而所含个人权利之性质，不得不随之而消灭。至于义务，如禹之治

---

① 杨朱：战国初魏人。先秦古书中又称之为杨子、阳子居或阳生。主张“贵生”“重己”，“不以物累形”，反对别人对自己的侵夺，也反对侵夺别人。其说与墨子的“兼爱”相反，同时也被儒家斥为异端，孟子称他“拔一毛而利天下不为也”。

水，雷绥佛(Lessevs)之凿苏彝士河[①]，汽机、电机之发明，文学家、美术家之著作，则其人虽死，而效力常存。是权利之时效短，而义务之时效长也。

由是观之，权利轻而义务重。且人类实为义务而生存。例如人有子女，即生命之派分，似即生命权之一部。然除孝养父母之旧法而外，曾何权利之可言？至于今日，父母已无责备子女以孝养之权利，而饮食之，教诲之，乃为父母不可逃之义务。且《列子》[②]称愚公之移山也，曰："虽我之死，有子存焉。子又生孙，孙又生子，子子孙孙，无穷匮也，而山不加增，何苦而不平?"虽为寓言，实含至理。盖人之所以有子孙者，为夫生年有尽，而义务无穷；不得不以子孙为延续生命之方法，而于权利无关。是即人之生存，为义务而不为权利之证也。

唯人之生存，既为义务，则何以又有权利？曰：盖义务者在有身，而所以保持此身，使有以尽义务者，曰权利。如汽机然，非有燃料，则不能作工，权利者，人身之燃料也。故义务为主，而权利为从。

义务为主，则以多为贵，故人不可以不勤；权利为从，则适可而止，故人不可以不俭。至于捐所有财产，以助文化之发展，或冒生命之危险，而探南北极、试航空术，则皆可为善尽义务者。其他若厌世

---

① 雷绥佛：现译雷赛布(1805—1894)，法国企业家。1854年自埃及取得开凿苏伊士运河权。苏彝士河：现译苏伊士运河。在埃及东北部，贯通苏伊士地峡，连接地中海和红海的国际通航运河。亚、非两洲的分界线。1859年至1869年由雷赛布组织的国际苏伊士运河公司雇用数十万埃及劳动力开凿而成。

② 《列子》：相传战国时列御寇撰。《汉书·艺文志》收录《列子》八篇，早佚。流传本《列子》八篇，多为寓言、民间故事和神话传说。可能是晋人所作。

而自杀，实为放弃义务之行为，故伦理学家常非之。然若其人既自知无再尽义务之能力，而坐享权利，或反以其特别之疾病若罪恶，贻害于社会，则以自由意志而决然自杀，亦有可谅者。独身主义亦然，与谓为放弃权利，毋宁谓为放弃义务。然若有重大之义务，将竭毕生之精力以达之，而不愿为家室所累；又或自忖体魄，在优种学上者不适于遗传之理由，而决然抱独身主义，亦有未可厚非者。

今欲进而言诸君之义务矣。闻诸君中颇有以毕业后必尽教员之义务为苦者。然此等义务，实为校章所定。诸君入校之初，既承认此校章矣。若于校中既享有种种之权利，而竟放弃其义务，如负债不偿然，于心安乎？毕业以后，固亦有因结婚之故，而家务、校务不能兼顾者。然胡彬夏女士不云乎："女子尽力社会之暇，能整理家事，斯为可贵。"是在善于调度而已。我国家庭之状况，烦琐已极，诚有使人应接不暇之苦。然使改良组织，日就简单，亦未尝不可分出时间，以服务于社会。又或约集同志，组织公育儿童之机关，使有终身从事教育之机会，亦无不可。在诸君勉之而已。

（据《蔡子民先生言行录》，北京大学新潮社 1920 年 10 月出版。）

31. 美育与人生

（1931 年前后）

人的一生，不外乎意志的活动，而意志是盲目的，其所恃以为较近之观照者，是知识；所以供远照、旁照之用者，是感情。

意志之表现为行为。行为之中，以一己的卫生而免死、趋利而避害者为最普通；此种行为，仅仅普通的知识，就可以指导了。进一步的，以众人的生及众人的利为目的，而一己的生与利即托于其中。此种行为，一方面由于知识上的计较，知道众人皆死而一己不能独生；众人皆害而一己不能独利。又一方面，则亦受感情的推动，不忍独生以坐视众人的死，不忍专利以坐视众人的害。更进一步，于必要时，愿舍一己的生以救众人的死；愿舍一己的利以去众人的害，把人我的分别，一己生死利害的关系，统统忘掉了。这种伟大而高尚的行为，是完全发动于感情的。

人人都有感情，而并非都有伟大而高尚的行为，这由于感情推动力的薄弱。要转弱而为强,转薄而为厚,有待于陶养。陶养的工具,为美的对象,陶养的作用,叫作美育。

美的对象,何以能陶养感情?因为他有两种特性:一是普遍;二是超脱。

一瓢之水,一人饮了,他人就没得分润;容足之地,一人占了,他人就没得并立。这种物质上不相入的成例,是助长人我的区别、自私自利的计较的。转而观美的对象,就大不相同。凡味觉、嗅觉、肤觉之含有质的关系者,均不以美论;而美感的发动,乃以摄影及音波辗转传达之视觉与听觉为限。所以纯然有"天下为公"之概;名山大川,人人得而游览;夕阳明月,人人得而赏玩;公园的照像,美术馆的图画,人人得而畅观。齐宣王①称"独乐乐不若与人乐乐""与少乐乐不若与众乐乐"②,陶渊明称"奇文共欣赏"③,这都是美的普遍性的证明。

植物的花,不过为果实的准备;而梅、杏、桃、李之属,诗人所咏叹的,以花为多。专供赏玩之花,且有因人的作用,而不能结果的。动物的毛羽,所以御寒,人固有制裘、织呢的习惯;然白鹭之羽,孔雀之尾,乃专以供装饰。宫室可以避风雨就好了,何以要雕刻与彩画?器具可以应用就好了,何以要图案?语言可以达意就好了,何以要

---

① 齐宣王(?—公元前301):战国时齐国国君。田氏,名辟疆。约公元前319年至公元前301年在位。他曾继其祖桓公、父威王在稷下广置学宫,招揽学者,任其讲学议论。孟子曾一度任齐宣王客卿。

② 语见《孟子·梁惠王章句》。

③ 东晋陶渊明所作《移居》诗中有"奇文共欣赏,疑义相与析"之句。

特制音调的诗歌？可以证明美的作用，是超越乎利用的范围的。

既有普遍性以打破人我的成见，又有超脱性以透出利害的关系；所以当着重要关头，有“富贵不能淫，贫贱不能移，威武不能屈”①的气概；甚且有“杀身以成仁”②而不“求生以害仁”③的勇敢；这种是完全不由于知识的计较，而由于感情的陶养，就是不源于智育，而源于美育。

所以吾人固不可不有一种普通职业，以应利用厚生的需要；而于工作的余暇，又不可不读文学，听音乐，参观美术馆，以谋知识与感情的调和，这样，才算是认识人生的价值了。

（据蔡元培手稿）

① 语见《孟子・滕文公下》。

② 语见《论语・卫灵公》。

③ 同上书。

32. 选择职业的原则

——在中华职业教育社学术演说词*

（1931年4月4日）

---

* 据《教育与职业》月刊中该社“大事记”所载，演说题目为《职业选择的标准》，但该月刊中未见有演说词全文。

职业可分劳心与劳力。劳心者治人，劳力者治于人。所谓劳心者，即发明家、政治家。劳力者即实行家。但有正当与不正当、有利与有害之别。吾国自古以来，职业观念错误，以致埋没人才。要知职业无贵贱大小，都为平等。有利于人群者，即为正当职业。如农者种烟苗，工者造毒气损人，商者贩卖鸦片、垄断市场，斯即不正当职业。一方政府对于人民职业，应予保障及奖励，使各就特长，分配得当，则公众事业，必能努力改进。男女职业，以分工为主，宜各就性之所近，为社会服务。家政亦为女子重要职业。总之，选择职业标准，最要原则，应视社会需要，以大众幸福为前提，不可以个人安乐而损害公众。

（据陇西约翰编：《蔡元培言行录》，广益书局 1931 年 10 月出版。）

33. 牺牲学业损失与失土相等*

（1931 年 12 月 14 日）

* 此篇系作者在国民政府纪念周的报告。

我今日所要报告的,是特种教育委员会的事。教育行政,本属教育部主管,政治会议所以设特种委员会,无非为国难期间,教育上颇有种种特殊问题,要集思广益,替教育部做一种特殊的准备。至对于教育部的职权,决没有一毫的损害。

我们一谈到国难期间教育上特殊问题,我们就不能不立刻想到学生的爱国运动。学生爱国,是我们所最欢迎的,学生因爱国而肯为千辛万苦的运动,尤其是我们所佩服的;但是因爱国运动而牺牲学业,则损失的重大,几乎与丧失国土相等。试问欧战期间,德国财政上非常竭蹶[①],然而并不停办学校把教育经费暂移到军费上去。因为学生是国家的命脉。征兵制的国家,且有人提议,著名学者虽

① 竭蹶:力竭而颠蹶,此处指财政匮乏。

其年龄在兵役义务期内，可以免服兵役者。此何以故？以学业为军队的后备，青年的资粮，不可轻易的牺牲。我们想一想：德国有了一个克虏伯[①]，就能使本国的军械甲于世界；法国有了一个巴斯德[②]，就能使本国酿酒、造丝、畜牧等事业特别稳固，国富顿增，而且为世界造福；美国有了一个爱迪生[③]，就能使美国开了无数利源，于煤油、钢铁、铁路诸大王以外，显着他发明的长技。而且当国难时期，正是促进创造的机会，如萝卜制糖、海草取碘、从空气中吸取氮素等，皆因本国受封锁后，外货不到，自行创造的。现在我们军械不足，交通不便，财政尤感困难，正需要许多发明家如克虏伯、巴斯德、爱迪生这一类的人。我们的祖先，曾经发明过火药、指南针、印刷术等，知道我们民族不是没有创造力的。但是最近千年，教育上太偏于书本子了，所以发明的能力远不如欧美人。我们这一辈模仿他们还来不及，虽有时也有一点补充，但是惊人的大发明，还说不到。若是后一辈的能为大发明家，"有七年之病，求三年之艾"，还可以救我们贫弱的国家；倘再因循下去，那真不可救药了。

青年的爱国运动，若仅在假期或课余为不识字的人演讲时局，或快邮代电发表意见，自是有益无损的举动。现在做爱国运动的青年，乃重在罢课游行，并有一部分不远千里，受了许多辛苦，到首都

---

① 克虏伯：又称克鲁伯，德国人，是德国最大重工业垄断组织——克虏伯股份有限公司的创始者。

② 巴斯德(Pasteur，1822—1895)：法国微生物学家、化学家，近代微生物学的奠基人。著有《乳酸发酵》《蚕病学》等。

③ 爱迪生(Edison，1847—1931)：美国发明家、企业家。

运动。一来一往,牺牲了多少光阴,牺牲了多少学业。单就这几万青年而论,居今日科学万能的时代,又其境遇可以受高等教育,安知其中没有几十名、几百名的发明家?又安知其中没有少数的大发明家,可与巴斯德、爱迪生相等的?当青年时期,牺牲这么多的光阴与学业,岂不是很可怜、很可惜的吗?

我们推想这些爱国的青年,所以不能安心上课,而要做此等特殊的运动,固然原因复杂,而其中最大的原因,则因激于爱国热忱,而误认原有的基本科学为不是救国要图。我们现在要检查学校课程,是否有可以暂行酌量减少,而代以直接关系国难的教科?

最直接的自然是军事训练,这本来是各地学生自己要求的。现在首都以外各地方学生,何以竟要牺牲了受训练的光阴,而换为奔走?是否现在的军事训练,尚有加紧的必要?我们所以设军事训练组,请军事家研究这种问题。

其次若时局现状,若各国实力的比较,若各种国防上、经济上、交通上应有的准备,包含许多问题,若得专家详悉讲述,不但可以振刷精神,而且于现在及将来均有益处。我们所以设特别演讲组,不但与各学校固有教员商量,而且请著名的学者次第到各地讲演。

为特别讲演上材料的搜集与整理,我们设编辑组;为照料已经到京的爱国运动者,使其减少困难,免蹈危险,我们设总务组。

以上各组,现在暂由政治会议所派定之委员分别担任,将延请专门学者加入，以收集思广益（之）效。将来国难会议成立后，若有关于教育的部分，本会的工作可以移交，则本会即可取消。

（据《中央周报》第185期，1931年12月21日出版。）

34. 大学生之被助与自助*

——在武汉大学第一届毕业典礼上的演说要点

（1932 年 5 月 24 日）

* 1932 年 5 月 24 日，作者到武汉大学，在该校珞珈山新校舍落成典礼及第一届毕业典礼上，发表这一演说。演说要点手稿系用中央研究院道林纸便条一张，以钢笔书写。

学生本在被助时期，然不注意自助，则辜负被助，而他年后悔无及。

被助方面：教职员，设备，环境。

德、法大学：放任，纯粹为提高学术，不求人人成功。

英、美大学：干涉，兼长品性，希望人人受益。

武汉大学兼容两方长处之资格，学生当非常满足，但自助方面尤不可忽。

有好教职员而不肯受其指导，或吹毛求疵，杂以他种受人利用之胡闹，则无益。避考试。法科大学之欢迎兼职及官吏（北大，中大）。

有完全之设备而不肯实验，不肯读书，则等于虚设。

有极好之环境而自造恶习，或伺隙而投身于恶环境，则仍不免堕落。

苟真能自助，则虽被助方面不能满足，而亦可补充，故自助实较被助为要。

将来武汉大学之荣誉，决不仅在教职员，而尤在学生。

（据蔡元培手稿）

附：同题异文

这次来武大参观，接汪院长来电，嘱代表参加新校舍落成典礼。中国自周代即设学宫，直至清末，始有新式大学，张之洞[①]在鄂，曾倡办两湖书院[②]，极有成绩，后来渐次改进。民国六年，教育部在北平、南京、广州、汉口等五处分设国立大学，因为政治变迁，随时改变内容。最近中央命王校长来办武大——理想的大学。兄弟以为大学目的有二：一为研究学问，二为培养人格。欧洲大学多有偏重，例如大陆派大学，如德、法两国，大学概取放任，认定大学生应自知注重

---

① 张之洞(1837—1909)：字孝达，号香涛，晚号抱冰，直隶南皮（今河北南皮）人。同治进士。历任翰林院侍讲学士、内阁学士等职，曾任两广总督、湖广总督、两江总督和督办商务大臣。先后创设广东水师学堂、广雅书院、两湖书院。1903年在会奏商办京师大学堂事宜时，强调办学首重师范，并拟初级师范学堂、优级师范学堂及任用教习各章程；同时指出，国民生计，莫要于农工商实业。另拟各等农工商实业学堂章程，供清政府采摘实行。1906年，晋协办大学士，擢体仁阁大学士，授军机大臣，兼管学部。他注重教育，对清末教育有很大影响。

② 两湖书院：清光绪十六年(1890)湖广总督张之洞创办于武昌。由湖南、湖北两帮茶商捐助书院经费，专收两湖士子入学，故名。开办之初，于湖南、湖北课额二百名外，另立商籍课额四十名。时新学方兴，书院课程除经史词章外，尚开设天文、地理、数学、测量、化学、博物学、兵法、史略学及兵操等新学科。清末学者沈曾植、杨守敬、邹代钧等均曾在该书院执教，唐才常、黄兴等曾入该书院学习。民国以后，改设学校。

学问；而英、美则不然，尤其是英国，如剑桥、牛津两大学，则特别注重人格之陶冶，对于学生一举一动随时加以深刻注意，学生言语行动，须绅士化，出外一律须着制服，教职员常常出外监督学生行动，使学生绝对养成高尚之人格。此外如英国之大学，均注重于体育，运动竞赛，竞渡，足球之比赛，全国注目，于运动中养成公德，虽因竞争而失败，亦所甘心。如果在运动时，有侥幸取胜，或者作弊取胜，大家觉得是最羞耻的一件事。中国办大学，过去多注重于学问方面，故多采取大陆派，及后渐渐觉悟，采学问与人格并重。盖学问方面，其重要点在设备之完善，如标本、仪器、图书之充足，教员之能指导学生，提起兴趣，而养成人格之伟大，习惯之尚足[①]，尤为重要。故吾人大学教育，应学问与人格并重。中国三十年来，有新式之大学后，总计全国大学约百数十所，多因过去历史关系，虽时时改革，总不如武大之与旧历史一刀截断重新创造之痛快。且武汉为水陆中心，地点在全国很重要，应该建一合科学的美化的大学，现在校中又注重卫生及新村之建设，将来一定有很好成绩。不过大学区——学村内，无论什么事，应该受校方支配，照英国牛津、剑桥两大学办法，无论建筑及一切设备，均须依照大学的设计而行，否则即不"和谐"。至武大现在建设，一半已经完成，将来建筑和设备经费，中央认为应该要用的，总可想法拨给；希望地方当局亦秉初旨，尽量协助云云。

（据《武汉日报》1932年5月27日）

---

① 此句疑原载报纸排印有误。

35. 在上海市第四届儿童节纪念会上的演说词

（1934 年 4 月 4 日）

今天是四月四日，是中国儿童节。我国国庆节，是十月十日，称双十节，故儿童节，亦可称双四节。第一个"四"字，即食、衣、住、行，是我们的基本生活。各位小朋友，现在仰给于家庭父母，如果没有父母的供给，或父母不注意，即发生危险。故各位要记着此刻父母供给，将来成人后即要努力工作，以抵偿今日之债。第二个"四"字，即智、体、德、美四育。大人们锻炼你们的身体，培植你们读书，告诉你们做人的道理，陶养你们的性情，就是智体德美四种教育。在今日纪念儿童节，须把此"双四节"的意义，深刻注意。

（据《申报》1934 年 4 月 5 日）

36. 美育之功能

——《美学原理》序

（1934 年 10 月 15 日）

爱美是人类性能中固有的要求。一个民族，无论其文化的程度何若，从未有喜丑而厌美的。便是野蛮民族，亦有将红布挂在襟间以为装饰的，虽然他们的审美趣味很低，但即此一点，亦已足证明其有爱美之心了。我以为如其能够将这种爱美之心因势而利导之，小之可以怡性悦情，进德养身，大之可以治国平天下。何以见得呢？我们试反躬自省，当读画吟诗，搜奇探幽之际，在心头每每感到一种莫可名言的恬适。即此境界，平日那种是非利害的念头，人我差别的执着，都一概泯灭了，心中只有一片光明，一片天机。这样我们还不怡性悦情么？心旷则神怡，心宽则体胖，我们还不能养身么？人我之别、利害之念既已泯灭，我们还不能讲德么？人人如此，家家如此，还不能治国平天下么？我向年曾主张以美育代宗教，亦就因为美育有宗教之利、而无宗教之弊的缘故，至今我还是如此主张。在民元时，我曾提出《对于教育方针的意见》，以美育与军国民主义、实利主义、德育主义及世界观并列。我以为能照此做法，至少可以少闹许多乱子。

（据金公亮编《美学原理》，正中书局 1934 年 10 月出版。）

37. 假如我的年纪回到二十岁

（1935 年 4 月）

我是将近七十岁的人了！回想二十岁的时候，还是为旧式的考据与词章所拘束，虽也从古人的格言与名作上得到点修养的资料，都是不深切的。我到三十余岁，始留意欧洲文化，始习德语。到四十岁，始专治美学。五十余岁，始兼治民族学，习一点法语。但我总觉得我所习的外国语太少太浅，不能畅读各国的文学原书；自然科学的根底太浅，于所治美学及民族学亦易生阻力；对于音乐及绘画等，亦无暇练习，不能以美学上的实验来助理论的评判；实为一生遗憾。

所以我若能回到二十岁，我一定要多学几种外国语，自英语、意大利语而外，希腊文与梵文，也要学的；要补习自然科学，然后专治我所最爱的美学及世界美术史。这些话似乎偏于求学而略于修养，但我个人的自省，觉得真心求学的时候，已经把修养包括进去。有人说读了进化论,会引起勇于私斗敢于作恶的意识;但我记得:我自了解进化公例后,反更懔懔于“勿以善小而不为,勿以恶小而为之”的条件。至于文学、美术的修养,在所治的外国语与美术史上,已很足供给了。

(据《大众画报》第 18 期,1935 年 4 月出版。)

38. 我的读书经验

（1935 年 4 月 10 日）

我自十余岁起，就开始读书；读到现在，将满六十年了，中间除大病或其他特别原因外，几乎没有一日不读点书的，然而我没有什么成就，这是读书不得法的缘故。我把不得法的概略写出来，可以作前车之鉴。

我的不得法，第一是不能专心。我初读书的时候，读的都是旧书，不外乎考据、词章两类。我的嗜好，在考据方面，是偏于诂训及哲理的，对于典章名物，是不大耐烦的；在词章上，是偏于散文的，对于骈文[①]及诗词，是不大热心的。然而以一物不知为耻，种种都读；并且算学书也读，医学书也读，都没有读通。所以我曾经想编一部

① 骈文：文体名。起源于汉、魏，形成于南北朝。全篇以偶句为主，讲究对仗和声律。

说文声系义证，又想编一本《公羊春秋》[1]大义，都没有成书。所为文辞，不但骈文诗词，没有一首可存的，就是散文也太平凡了。到了四十岁以后，我开始学德文，后来又学法文，我都没有好好儿做那记生字、练文法的苦工，而就是生吞活剥地看书，所以至今不能写一篇合格的文章，作一回短期的演说。在德国进大学听讲以后，哲学史、文学史、文明史、心理学、美学、美术史、民族学，统统去听，那时候，这几类的参考书，也就乱读起来了。后来虽勉自收缩，以美学与美术史为主，辅以民族学；然而这类的书终不能割爱，所以想译一本美学，想编一部比较的民族学，也都没有成书。

我的不得法，第二是不能勤笔。我的读书，本来抱一种利己主义，就是书里面的短处，我不大去搜寻他，我只注意于我所认为有用的或可爱的材料。这本来不算坏。但是我的坏处，就是我虽读的时候注意于这几点，但往往为速读起见，无暇把这几点摘抄出来，或在书上做一点特别的记号。若是有时候想起来，除了德文书检目特详，尚易检寻外，其他的书，几乎不容易寻到了。我国现在有人编“索引”“引得”，等等，又专门的辞典，也逐渐增加，寻检较易。但各人有各自的注意点，普通的检目，断不能如自己记别的方便。我尝

---

① 公羊春秋：即《公羊传》，儒家经典之一。旧题战国时公羊高撰。起初是口说流传，汉初才成书。着重阐释《春秋》大义，史事记载不详，是今文经学的重要典籍。

见胡适之[1]先生有一个时期，出门常常携一两本线装书，在舟车上或其他忙里偷闲时翻阅，见到有用的材料，就折角或以铅笔作记号。我想他回家后或者尚有摘抄的手续。我记得有一部笔记，说王渔洋[2]读书时，遇有新隽的典故或词句，就用纸条抄出，贴在书斋壁上，时时览读，熟了就揭去，换上新得的。所以他记得很多。这虽是文学上的把戏，但科学上何尝不可以仿作呢？我因为从来懒得动笔，所以没有成就。

我的读书的短处，我已经经验了许多的不方便，特地写出来，望读者鉴于我的短处，第一能专心，第二能勤笔。这一定有许多成效。

（据《文化建设》杂志第1卷第7期，1935年4月10日出版。）

---

① 胡适之（1891—1962）：即胡适，现代学者，安徽绩溪人。1910年赴美国留学，是实用主义哲学家杜威的学生，崇信实用主义和美国民主。1917年回国，任北京大学教授，提倡文学革命，力主写白话文，成为当时新文化运动的著名人物。抗战时期任国民党南京政府驻美国大使；抗战胜利后，任北京大学校长。1948年去美国，后去台湾。1962年逝世。有《胡适文存》行世。

② 王渔洋（1634—1711）：即王士祯，清代诗人。清顺治进士，山东新城（今山东桓台）人。号阮亭，又号渔洋山人。有诗集《渔洋山人精华录》及笔记《池北偶谈》行世。

39. 为什么要研究学问

（1935 年 5 月 18 日）

学问是各种有系统的知识。研究学问，是接受一种有系统的知识，而窥破它尚有不足或不确的点，专心研求，要有一种新发明或新发现，来补充它，或改正它。所以，不能接受一种有系统的知识及与有关系的知识，不能谈研究。已接受一种有系统的知识，而不尽力于新发明或新发现，也就不是研究。

为什么要研究？因为人类有创造欲，有永求进步的意识。这就是人类灵于其他动物的一点。各种动物，都不能于自身上求无穷的进步，而人类不然。蜘蛛能结网，比人类的渔猎还早一点；虫鸟能飞翔，比人类的航空还早一点；蜂能储蜜，比人类的制糖还早一点；蚁能牧蚜虫，比人类的养乳牛还早一点。然而人类的渔猎、航空、制糖、牧牛等业，异常发展；而蜘蛛、虫、鸟、蜂、蚁等的知识与技能，终古不变。鹦鹉能言，狗马能计算，狮象能演戏，然皆出于被动，是机械式的,而人类的知识,是自动的,是变化无穷的。且人类的系统知识,可以随年龄与程度而自成一圈。自小而大,自简单而复杂,各有创造的范围。在普通观察,自以大学毕业而进研究院者为合格;然中、小学校的学生,也各有他们程度适合的系统知识,也可以有发明与发现的希望。因为人类的创造力,经历代遗传的酝酿,虽在幼稚时期,也有跃跃欲试的气概;所患的是环境不适宜罢了。苏联有儿童科学研究所及儿童美术研究所,成效卓著,可以见小学生未尝不可以做研究的工作,那中学生程度较高,更毋庸置疑了。这正如服兵役、保公安,虽是成人的义务,然而童子军的组织,已为各国所公认,因为自卫的意识,已成人类天性的缘故。今利用人类乐于创造的天性,而随时与以研究的机会,用意正同,并不能认为躐等的。

(据《学校生活》第107、108期合刊,1935年6月10日出版。)

40. 复兴民族与学生自治*

——在大夏大学学生自治会上的演说词

（1935 年 6 月 5 日）

* 据此篇记录者在文后注明："此文业经蔡先生校阅一过，特此附志。"

我们为什么要复兴民族?

复兴民族的意思,就是说,此民族并不是没有出息的,起先是很好的,后来不过是因为环境的压迫,以致退化,现在有了觉悟,所以想设法去复兴起来。复兴二字,在西方本为 Renaissance 一字,在西洋中世纪以前,本有极光明的文化,后为黑暗时期所埋没,后来又赖大家的努力,才恢复以前的光明,因而名之曰复兴。中国古时文化很盛,古书中常有记载,周朝的文物制度与希腊差不多,周季,有儒、墨、名、法、道家的哲学,此后如汉、唐的武功,也不能抹杀的。但到了现在,我们觉得事事都不如人,不但军事上、外交上不能与列强抗衡,就是所用的货物也到处觉得外国的物美价廉,胜于国货,这不能不说是我们的劣点。然而我们不能自认为劣等的民族,而只认为民族的退化,所以要复兴。

民族乃集合许多分子而成，现在欲复兴民族，须将民族全部分提高起来。提高些什么呢？我们的答案是：

第一，体格——中国民族为什么不中用，第一步乃是身体不健全，死亡率、病象、作工能力、体育状况，无论哪一种统计，都显出我们民族的弱点，所以要复兴民族，第一步是设法使大家的身体强健起来。我闻张君俊先生说，中国民族衰老的现象，南方人智力较胜于北方人，而体力都较逊于北方人；北方人体魄强壮而智力远逊于古人，因北方常有黄河之灾，且常为游牧民族所侵略，因而民族之优秀者均迁南方，此为历史证明的事实。如南北朝[①]时代，如辽金元时代皆是，但南方气候潮湿，多寄生虫，不适宜优秀民族的发展。为复兴民族计，宜注重北方的开发。我以为北方固要开发，而南方亦可补救，我们若能发展北方人之智慧，增加南方人的体力，何尝不可用人为的力量，来克服自然呢？巴拿马旧以多蚊而不能施工事，后用科学灭蚊法而运河乃成。我们欲使民族强健起来，一定可用人力来做到。

第二，知识及能力——中国人的智能，并非不如外国人。中山先生在民族主义演讲中说："恢复中国固有的智能。"足以证明，如指南针、印刷术、火药的发明，长城、运河等建设，素为外人所称道。但

---

① 南北朝：历史朝代称谓。从公元420年东晋灭亡到589年隋朝统一共170年间，我国历史上形成南北对峙的局面，称为南北朝。南朝从420年刘裕代晋到589年陈亡，经历宋、齐、梁、陈四代，北朝从439年北魏统一北方开始到534年分裂为东魏、西魏。后来东齐代东魏，北周代西魏，北周又灭北齐。581年，北周为隋所代。隋灭陈和后梁（南朝梁的残余势力），结束南北对峙局面。

到现在，科学的创造、建设的能力，各民族正非常发达，而我民族则不免落伍，然我们追想祖先的智力与能力，知道我们决非不能复兴的。例如波兰，虽经亡国之惨变，今仍能恢复，即有民族文化之故：远之如哥白尼[①]之天文，近之如居礼夫人[②]（之）化学，及其他著名之文学家、美术家，都是主动力，可以证明固有的智能足以兴国的。

第三，品性的修养——一民族之文化，一面在知识之发展，一面则赖其品性优良。向来称优良之品性为道德。道德不是绝对的，是相对的，是因各地方各时期的不同而定的。不过其中有一抽象的原则，是不可不注意的。此原则即为"爱人如己"。他的消极方面即为"己所勿欲，勿施于人"；其量则"由近而远"，初则爱己、爱家，继则爱族、爱乡、爱国，而至爱世界的人类。此种道德观念，与其用信条来迫促他，还不如用美感来陶冶他。我们看美术的进步，亦是由近而远，初用以文身，继用以装饰身体，或装饰花纹于用品上，远则用以装饰宫室，且进而美化都市，其观念渐行扩大，由近而远，正与道德观念相应。

总之，复兴民族之条件为体格、智能和品性。这种条件，是希望个个人都能做到的。目前中国具了这三条件之人，请问有多少？可

---

① 哥白尼（Nicolaus Copernicus，1473—1543）：波兰天文学家，日心说（即地动说）的创立人。曾先后就读于波兰和意大利的几所大学，研究数学、天文学、法学、医学。其所创立的日心说，是天文学上的一次伟大革命，引起了人类宇宙观的重大变革，沉重打击了封建神权统治。所著《天体运行论》于1543年出版。

② 居礼夫人（Marie Sklodowska Curie，1867—1934）：现译居里夫人，法国物理学家、化学家，原籍波兰。1891年就读巴黎大学，1895年与比埃尔·居里结婚。他们先后共同发现钋和镭两种天然放射性元素，1903年获诺贝尔物理学奖，1911年又获诺贝尔化学奖。

说是少数。但我们希望以后能达到。不过如何去达到呢，还不能不有赖于最有机会的人——学生，尤其是大学生，先来做榜样了。

大夏大学设在郊外，早已采取了牛津大学[①]、剑桥大学[②]的导师制，更有做榜样的资格。故如欲复兴民族，应由你们做起。在这里，我得介绍一位章渊若先生，他是提倡自力主义的，就是说人人都要从自己做起来再说。我现在就要劝诸位自己先做起来。学生自治会，就是促进各人自己努力的机关。

第一，以体育互相勉励——提倡体育是一个改进民族的很好的办法。日本人提倡体育，很有进步，就影响到了全体民族，所以，我们不能不有认识，体育乃是增加身体的健康，同时谋民族的健康，而非为出风头。以前的选手制，常犯了偏枯的毛病，根本失却了体育的本意，因而，常会发生下面的几种错误：(一) 不平均——体育为少数人所专有；(二) 太偏重——一部分选手则太偏于运动，牺牲了其他功课。今后对于体育之认识，则为根据于卫生的知识，不一定要求其做国手。听说贵大学现在实行普及体育，学生自治会又在促进普及体育的成功，这是可喜的。

第二，以知识及能力的增进互相勉励——大学内天天有教师讲授，但单靠教师讲授是不足的，还要自己去用功才行。用功要得法，单独的与集合的用功，都有优点，可以并行。同学之互相切磋，那是很有益的。自治会的组织，与同学的知能增进，有直接关系。

---

① 牛津大学：英国历史最久的大学。1168 年创办于牛津，由三十多个学院组成。

② 剑桥大学：英国历史悠久的大学之一。创办于 1209 年。

从前我们有读书会，大家选定几本书，每人认一本去读，读了分期摘要报告，或加以批评，如听了觉得有兴味的，自己再去详读，否则，也就与自己读过无异了。这一类互助的方法很多，对于学问，很有补益的。

第三，以品性修养互相勉励——彼此互相检点，对于不应为的事情，互相告诫；对于应为的事情，互相督促；固然是自治会应有的条件，然完全为命令式的，如“你应该这样”，“你不应该怎样”，有时反引起对方的反感。所以我主张以美术来代替宗教，希望人人都有一种自然而然的善意。因为人类所以有不应为而为的事情，大抵起于自私自利的习惯。有时候迫于贪生怕死的成见，那就无所不为了。唯有美术的修养，能使人忘了小己，超然于生死利害之外，若人能有此陶冶，无论何等境遇，均不失其当为而为，不当为而不为之气概。前十七八年，我长北京大学时，北京还没有一个艺术学校，全国还没有一个音乐学校，所以我在北大内发起音乐研究会、书画研究会，使学生有自由选习的机会。现在艺术的空气已弥漫全国，上海一市，音乐艺术的人才尤为众多，贵自治会如有此等计划，必不难实现了。

贵自治会如能于右列三者，加意准备，则复兴民族的希望，已有端倪，我不能不乐观。

（王凤楼、蒋炤祖记）

（据上海《晨报》1935 年 7 月 1 日）

41. 现代儿童对于科学的态度

——不但享受科学的成绩，也要有点贡献

（1935 年 7 月 18 日）

小朋友们：

你们读《科学画报》[1]，已经读到四十八期了。你们在家庭里面，在学校里面，所看的书，大半是讲科学的，所以你们对于科学，是早已认识了。你们自己检点一回，所享受的科学成绩有多少？

第一，身体上的享受。姑且照食、衣、住、行的次序说，最古的人类，所食的不过猎得的兽类，渔得的鱼类，与在树上摘得的果子。有的时候，多吃一点；没有的时候，就饿起来了。自科学进步，有农学以养谷类，有园艺以植蔬果，有畜牧以繁家畜。材料既多，有选择

---

① 《科学画报》：中国科学社于1933年创办的刊物。1933年前为半月刊，后改为月刊。《科学画报》以普及科学知识为目的，内容新颖，图文并茂，印刷精良，深受广大读者欢迎。1953年中国科学社将《科学画报》移交上海科学普及协会接办，发行至今。

余地。于是，食物的成分应如何分配，数量应如何限制，各种唯太命[1]的含有，应如何调剂，或为众人通则，或为个人特例，均得依科学理论，分别规定。最古的人类，暑期裸体，寒时以兽皮自护罢了。后来发现丝、麻，亦尚不能普及。近代棉种、蚕种，都随时改良；纺织机械，都取最新式；棉织品、丝织品及毛织品，皆大量生产。不但种种质料，可以随时选用，适应气候，即色彩花纹，亦可随各人嗜好的不同而相投，这岂不是科学的功劳吗？最古的人类，不是在树上造巢，学飞鸟的样子，就是在洞穴中栖止，与猛兽争地盘。后来渐渐知道用木料作柱，用茅草盖顶，如现在江北人的草棚一样。近来建筑术发达，用种种木材以外，用石，用铁，用水泥，崇楼杰阁，曲榭回廊，唯意所适，无施不可，既极坚固，又复美观。空气流通，光线充足，均合于卫生的条件。这都是科学家工作的结果。最古的人类，没有交通工具。后来发明了独木的船，独轮的车，已于不知不觉间应用到科学的原则了。后来科学的应用，逐渐推广，陆行的车，自人力而畜力、而汽力、而电力，并特设铁轨，开通公路。水行的船，亦自人力而风力、而汽力、而电力。不但人迹所到的地方，无远弗届，就是南、北冰洋，亦可探险。海底且有潜艇，空中亦有飞机，这都不是科学未发达的时候所能见到的。

第二，精神上的享受。古人知识太浅，对于自然现象，往往有无谓的恐怖，例如雷、电本为一物，从前的人，由声光的感受有迟速

---

① 唯太命：现译维他命（vitamin），即维生素。生物的生长和代谢所必需的微量有机物。

而认为二事，又设为雷公电母的名义及偶像，又因偶有触电的人与物，而有雷殛恶人与怪物的传说。所以从前的儿童，闻雷声，见电光，都很怕。现在受电学家的指导，知道空中雷电，与我们通报、传话、转动机械的电力，毫无殊异。在建筑上并可置避雷针，以免触电之险，又有什么恐怖呢？从前的人，看了空中有无数的星，说是每一个星的变状或变色，都是与人事的成败有关的，尤其是彗星，它若出现，人间必有兵灾；现在受天文学的指导，知道多数恒星，与太阳相似，与地球隔了多数的光年[①]，我们看到的样子，还是他们以前若干光年的色相，与我们现在的事业，还有什么相关呢？彗星也自有轨道，与行星相似，天文学上可以计算出来，可以预定它再见的年份，与地球上的兵灾，毫不相涉。从前有人疑彗星的尾与地球相触，地球或有危险，现在也知道没有这事了。古人所最怕的是瘟疫，死亡枕藉，似乎非人力所能抵抗，说是瘟神示罚，以迎神赛会为唯一方法。现在医学进步，对于瘟疫的起因及传染的预防，都有办法，不用过分担忧了。古人所尤怕的，又有水旱之灾，说是龙王或旱魃作祟，又不外乎用祈祷禳解等法。现在科学进步，一方面从水利工程上尽力，一方面又从造林上作根本的解决，也就不要顾虑了。

照此看来，你们身体上康健，精神上的安宁，都是受现代科学的赐予，是无可疑的。凡人，有权利，就有义务。你们享了这许多权利，竟没有一点义务吗？我从前常常想，儿童是预支权利的时代，受

① 光年：计量天体距离的一种单位。

养受教，暂可不说报酬；到年长后，多尽一倍的义务，就把儿童时代的债还清了。但是有志的儿童，却不肯专过预支的生活，而立刻要有点贡献。我曾闻陈鹤琴[1]先生说：俄国有儿童科学研究所七百多所。他所参观过的三所，都分十一部，有电话、无线电、汽车、摄影、化学、机械，等等，每部都有实验室，汽车部有两辆汽车，是十一岁至十七岁的儿童造的，曾在莫斯科大路上作六十公里的比赛。莫斯科街上有一盏红绿灯，是儿童所发明的。其他七百余所中儿童的新发明，一定很多，不过我们还没有调查到就是了。小朋友们！你们听了俄国儿童能进研究所，有新发明，作何感想？我希望我们国内，也渐渐设起儿童研究所来，你们很愿意进去研究，那么，你们现在就不要专门享受科学的赐予，而要时时留意科学的工作。

（据蔡元培手稿；并参阅《科学画报》，1935 年 7 月号。）

---

① 陈鹤琴（1892—1982）：教育家，浙江上虞（今浙江上虞）人。早年留学美国，研究教育。历任南京高等师范学校、东南大学教授，创办中华儿童教育社。1949 年后任南京大学师范学院院长。

42. 慈幼的新意义

（1935 年 7 月）

《周礼》:“大司徒之职,以保息六养万民,一曰慈幼……”孔子说:“少者怀之。”又说:“少有所长。”孟子说:“幼吾幼以及人之幼。”这样的好事,在周代[①]已经通行,两千年来,似乎没有停顿过,只要看各地方都有育婴堂,就可以证明了。但是讲到慈幼的意义,旧时代与新时代不见得相同。

旧时代,最粗浅的是慈善事业上的功利主义。他们笃信“行道有福”的因果律,以为我若能慈幼,上帝或其他神祇,一定有酬报。这与家庭中“养儿防老”的观念差不多,这当然是一种不纯洁的心理。

进一步,完全出于同情。世界上最小最弱的,最易引起爱怜。

---

① 周代:公元前11世纪周武王灭商后建立,分为西周和东周两个时期,共历时八百多年。

纯洁的慈善家，正与纯洁的慈母一样。但仅仅有此同情，尚难免流于姑息的爱，而不能爱人以德。

新时代的慈幼事业，不是从个人的立场出发，而是从社会的立场出发；不是基本于侧隐心，而是基于责任心。社会是进步的，现代的人要时时刻刻为后一代人准备，使后一代人的能力比现代人进步，然后可以应付将来的社会，使他不致退化。所以现代人宁为将来而牺牲现在，决不肯为现在而牺牲将来。例如将沉没的船，遇着救生的舢板，必让儿童及妇女先下，凡成年的男子敢与争先者，得以武器阻止他。大战以后的都市，因食物不足，凡牛乳等营养品，必先尽托儿所应用，而后分配于成人。这绝不是为单纯的爱怜弱小的观念所主动，而是被认为一种公共的责任。这就是现代慈幼的新意义。

（据《现代父母》杂志第 3 卷第 6 期，1935 年 7 月出版。）

43. 美育与人格

——在香港圣约翰大礼堂美术展览会上的演说词

（1938 年 5 月 20 日）

今日承保卫中国大同盟及香港国防医药筹赈会之际，得参与此最有意义的展览会，不胜荣幸。

当此全民抗战期间，有些人以为无赏鉴美术之余地，而鄙人则以为美术乃抗战时期之必需品。

抗战时期所最需要的，是人人有宁静的头脑，又有强毅的意志。“羽扇纶巾”[①]“轻裘缓带”[②]“胜而不骄，败而不馁”[③]，是何等宁静？“衽金革，死而不厌”[④]“鞠躬尽瘁，死而后已”[⑤]，是何等强毅？这种宁静而强毅的精神，不但前方冲锋陷阵的将士，不可不有，就是在后

---

① 羽扇纶巾：语出苏轼《念奴娇·赤壁怀古》：“羽扇纶巾，谈笑间，强虏灰飞烟灭。”

② 轻裘缓带：语出《晋书·羊祜传》：“祜在军常轻裘缓带，身不被甲。”

③ 胜亦不骄，败亦不馁：源自《商君书·战法》：“王者之政，胜而不骄，败而不怨。”后演绎成为“胜而不骄，败而不馁”，或作“胜不骄，败不馁”。

④ 衽金革，死而不厌：语出《礼记·中庸》：“衽金革，死而不厌，北方之强也。”

⑤ 鞠躬尽瘁，死而后已：源自诸葛亮《后出师表》：“臣鞠躬尽瘁，死而后已。”

方供给军需，救护伤兵，拯济难民及其他从事于不能停顿之学术或事业者，亦不可不有。有了这种精神，始能免于疏忽、错乱、散漫等过失，始在全民抗战中担得起一份任务。

为养成这种宁静而强毅的精神，固然有特殊的机关，从事训练；而鄙人以为推广美育，也是养成这种精神之一法。美感本有两种：一为优雅之美，一为崇高之美。优雅之美，从容恬淡，超利害之计较，泯人我的界限。例如游名胜者，初不作伐木制器之想，赏音乐者，恒以与众同乐为快，而这样的超越而普遍的心境涵养惯了，还有什么卑劣的诱惑，可以扰乱他么？崇高之美，又可分为伟大与坚强之二类。存想恒星世界，比较地质年代，不能不惊小己的微渺；描写火山爆发，记述洪水横流，不能不叹人力的脆薄。但一经美感的诱导，不知不觉，神游于对象之中，于是乎对象的伟大，就是我的伟大；对象的坚强，就是我的坚强。在这种心境上锻炼惯了，还有什么世间的威武，可以胁迫他么？

且全民抗战之期，最要紧的，就是能互相爱护，互相扶助。而此等行为，全以同情为基本。同情的扩大与持久，可以美感上“感情移入”的作用助成之。例如画山水于壁上，可以卧游；观悲剧而感动，不觉流涕，这是感情移入的状况。儒家有设身处地之恕道，佛氏有现身说法之方便，这是同情的极轨。于美术上时有感情移入的经过，于伦理上自然增进同情的能力。

又今日所陈列的，都是木刻画（Graphic Art），纯以黑与白相间，而不用色彩，没有刺激性，而印象特为深刻。这也是这一次展览会的特色。

（据《东方画刊》第2卷第12期，1940年3月出版。）